职业教育新技术丛书 · 移动应用

移动互联技术应用基础

王 帅 李宇鹏 主 编

张东菊 潘智峰 李金鑫 副主编

電子工業出版社

Publishing House of Electronics Industry

北京 · BEIJING

内 容 简 介

本书是移动互联网基础教材。整体内容以一名专业学生在智能体验馆中的成长经历为蓝本，从移动终端的认知、移动终端的使用、移动终端的应用和移动互联网所带来的变化 4 个方面进行讲述。读者可以掌握从移动手机的硬件参数到移动手机的具体应用的知识和技能。本书力求体现宽基础、多模块的编写思想，在新知识、新应用和新技能环节做出了一定的创新。尤其对智能手机的硬件参数以及和生活相关的各类应用做了详尽的讲述。

本书编写时采纳了许多系统集成行业一线工程师和实训教师的意见及建议，并参考了国家和行业的相关认证的标准要求。

本书适合作为职业院校信息技术类专业的移动互联网基础类课程指导用书，也可以作为移动互联网初学者的参考用书。

图书在版编目（CIP）数据

移动互联技术应用基础 / 王帅，李宇鹏主编. —北京：电子工业出版社，2018.7

ISBN 978-7-121-33414-6

Ⅰ. ①移… Ⅱ. ①王… ②李… Ⅲ. ①移动网—中等专业学校—教材 Ⅳ. ①TN929.5

中国版本图书馆 CIP 数据核字（2018）第 001852 号

策划编辑：柴　灿
责任编辑：裴　杰
印　　刷：北京虎彩文化传播有限公司
装　　订：北京虎彩文化传播有限公司
出版发行：电子工业出版社
　　　　　北京市海淀区万寿路 173 信箱　邮编　100036
开　　本：787×1 092　1/16　印张：10.25　字数：262.4 千字
版　　次：2018 年 7 月第 1 版
印　　次：2024 年 9 月第 7 次印刷
定　　价：26.00 元

凡所购买电子工业出版社图书有缺损问题，请向购买书店调换。若书店售缺，请与本社发行部联系，联系及邮购电话：（010）88254888，88258888。

质量投诉请发邮件至 zlts@phei.com.cn，盗版侵权举报请发邮件至 dbqq@phei.com.cn。

本书咨询联系方式：（010）88254617，luomn@phei.com.cn。

前　言

在互联网的发展过程中，PC 互联网已日趋饱和，移动互联网却呈现井喷式发展。随着智能手机、平板电脑等移动终端的普及，使移动互联网成为我们最贴身的媒体，也导致“人机合一”的关系更加牢固，这些改变也为我们带来了一个崭新的时代——移动互联网时代，相应地也就产生了一个崭新的专业——移动互联网专业。本书作为移动互联网专业的入门课程，重点在于展示移动互联网的魅力和移动互联网给我们带来的改变以及针对移动互联网的基础应用的掌握。

本教材按照过程式编写模式，以项目式开展讲述。将人们从购买到熟练使用手机这个过程，做了深入浅出的讲解，更贴近人们的学习思维。本教材还加入学生考核评价体系，方便学生自评和互评以及教师针对任务内容的总评。

本书共四个学习单元，具体内容如下。

学习单元一　选购手机，主要介绍初步认识智能终端和智能手机的各项参数与系统。

学习单元二　智能手机的使用，主要介绍智能手机的基本操作以及各手机系统的特点。

学习单元三　移动终端的应用，主要介绍智能手机的各类生活的应用。

学习单元四　智能生活的未来，主要介绍各穿戴式智能设备，以及移动互联网所带来的改变。

本书全程图解配以简要文字，突出实用性，现学现用，非常适合初次接触移动互联网的读者使用。本书由王帅、李宇鹏主编，张东菊、潘智峰、李金鑫副主编，胡睿、曾涛、余秀艳、赵金玉、马鑫、王鑫、王瑞芳、刘京华、曹清、刘彦权、赵娟等参编。虽然在本书编写过程中作者倾注了大量的心血，但是仍难免存在疏漏，还请广大读者不吝赐教。

编者

目　录

学习单元 1　选购手机

学习单元 2　智能手机的使用

学习单元 3　移动终端的应用

学习单元 4 智能生活的未来

学习单元 1

选购手机

智能体验馆是学校为实习生准备的实训基地，主营手机、平板电脑等智能设备的销售和维护。主要目的是为了加强学生手机方面的知识以及与人沟通的能力。实习生每年换一批，新来的实习生要接受公司的入职培训，先进入市场部从销售手机做起。

单元情境

李明是今年的实习生之一，今天是他入职的第一天。作为新人当前的主要工作就是接受公司的入职培训。

首先，要牢记《员工守则》。

（1）树立顾客即上帝的观念，对待客户要热情，服务周到。

（2）利用空闲时间学习和钻研与手机相关的技能。

（3）与客户交流时不能说有损学校、公司的话语。

（4）上班时间以工作为首位，遇急事需请假并做好交接班。

（5）同事之间要互帮互助。

其次，学习公司的绩效考核办法，熟记公司所售商品的价格、参数等，服务项目的价格。了解各岗位的工作流程。

单元学习概要

手机已经成为人们生活中必不可少的一部分，智能设备也越来越多。这就需要对这些手机的功能、参数、品牌有一个详细的了解。

单元学习目标

（1）认识常见的智能设备，熟知其功能、参数、品牌等。

（2）熟悉手机的硬件配置，手机系统的特点。

（3）初步建立服务意识。

项目 1

认识智能设备

智能设备就是目前的高新技术设备，囊括的类型有很多，比如说可穿戴智能设备、家居智能设备，等等，我们使用的手机就是智能设备的一种。现在智能设备随着科技发展越来越多，人们的生活也离不开智能设备。

任务 1 认识智能手机

任务描述

李大姐的诺基亚手机用 5 年，最近因为工作和生活需要，打算换一个智能手机以便运行微信。

任务实施

现在大多数人都用上了智能手机，可以说，智能手机的时代已经到来，对于我们现代人来说，手机已经是我们生活中不可缺少的工具，不管是在通信交流还是应用软件上，很多人都会按照手机屏幕上的提示下载软件和交流 QQ，但是大部分人都只会“用”，而对于它的基础知识都不了解，现在我们就来认识一下智能手机（见图 1-1）。

图 1-1　智能手机

1. 智能手机的定义

智能手机是指“像个人电脑一样，具有独立的操作，用户可以自行安装软件的第三方服务商提供的程序，通过此类程序来不断地对手机的功能进行扩展，并可以通过移动通信网络来实现无线网络接入的一类手机的总称”。简单来说，智能手机就是一部像电脑一样可以通过下载安装软件来扩展手机基本功能的机器（见图 1-2）。

图 1-2 智能手机

2. 智能手机的主要特点

（1）具备无线接入互联网的能力

即需要支持 GSM 网络下的 GPRS 或者 CDMA 网络的 CDMA1X 或 3G（WCDMA、CDMA-2000、TD-CDMA）网络，甚至 4G（HSPA+、FDD-LTE、TDD-LTE）。

（2）具有 PDA 的功能

包括 PIM（个人信息管理）、日程记事、任务安排、多媒体应用、浏览网页。

（3）具有开放性的操作系统

拥有独立的核心处理器（CPU）和内存，可以安装更多的应用程序，使智能手机的功能可以得到无限扩展。

（4）人性化

可以根据个人需要扩展机器的功能。根据个人需要，实时扩展机器内置功能，以及软件升级，智能识别软件兼容性，实现了软件市场同步的人性化功能。

（5）功能强大

扩展性能强，第三方软件支持多。

（6）运行速度快

随着半导体业的发展，核心处理器（CPU）发展迅速，使智能手机在运行方面越来越极速。

3. 智能手机的主要功能

智能手机除了具备一般手机的通话功能外，还具备了 PDA 的大部分功能，特别是个人信息管理以及基于无线数据通信的浏览器，GPS 和电子邮件功能。智能手机为用户提供了足够的屏幕尺寸和带宽，既方便随身携带，又为软件运行和内容服务提供了广阔的舞台，很多增值业务可以就此展开，例如股票、新闻、天气、交通、商品、应用程序下载、音乐、图片下载，等等。结合 4G 通信网络的支持，智能手机的发展趋势，势必将成为一个功能强大，集通话、短信、网络接入、影视娱乐为一体的综合性个人手持终端设备。

4．智能手机的品牌

智能手机的品牌如表 1-1 所示。

表 1-1　智能手机的品牌

品牌	Logo	操作系统	产地
小米	mi 小米 xiaomi.com	安卓	中国
iPhone		iOS	美国
诺基亚	NOKIA	WP10	芬兰

任务 2　认识平板电脑

任务描述

李先生最近准备给正在上初中的儿子买一台平板电脑，主要用于网上学习。

任务实施

2010 年，苹果 iPad 在全世界掀起了平板电脑热潮。2010 年平板电脑关键词搜索量增长率达到了 1328%，平板电脑对传统 PC 产业，甚至是整个 3C 产业带来了革命性的影响。下面就让我们来认识一下平板电脑。

1．平板电脑的定义

平板电脑也叫便携式电脑（英文为 Tablet Personal Computer，简称 Tablet PC、Flat PC、Tablet、Slates），是一种小型、方便携带的个人电脑，以触摸屏作为基本的输入设备。它拥有的触摸屏（也称为数字板技术）允许用户通过触控笔或数字笔来进行作业而不是传统的键盘或鼠标。用户可以通过内建的手写识别、屏幕上的软键盘、语音识别或者一个真正的键盘（如果该机型配备的话）实现输入。

平板电脑主要分为 ARM 架构（代表产品为 iPad 和安卓平板电脑）与 X86 架构（代表产品为 Surface Pro）。

平板电脑（见图 1-3）按屏幕尺寸一般分为小（7 英寸以下）、中（7～10 英寸）、大（10 英寸以上）。

图 1-3　平板电脑

2. 平板电脑的优缺点和主要用途

（1）优点

小巧，便于携带，屏幕比手机大，电池大。

（2）缺点

设置不够人性化、办公性能不高。

平板电脑主要用途基本上就是在电子阅读、游戏、上网这几个方面。

3. 平板电脑的主要品牌

平板电脑的品牌如表 1-2 所示。

表 1-2　平板电脑的品牌

品牌	Logo	操作系统	产地
小米	mi 小米 xiaomi.com	安卓	中国
iPhone		iOS	美国
华为	HUAWEI	安卓	中国

任务3 智能周边设备

任务描述

随着工作年头越来越长，技术员小李明显感觉身体大不如从前，打算每天开始做一些运动以增强体质。所以想买一个智能手环来监控运动情况。

任务实施

现如今可穿戴设备已经悄然进入了我们的生活，各厂商也都相继推出了自己的品牌旗下的智能穿戴产品。手机一直是我们的生活必需品，在日常生活中身上除了配备手机，唯一可以佩戴饰物的就要属脖子和手腕了，于是这类智能手环、智能手表以及智能项链等设备在市场中火爆了起来。

那么智能设备都有哪些呢？

1. 智能手环

智能手环（见图 1-4）是一种穿戴式智能设备。通过这款智能手环，用户可以记录日常生活中的锻炼、睡眠，部分还有饮食等实时数据，并将这些数据与手机、平板、iPod touch同步，起到通过数据指导健康生活的作用。

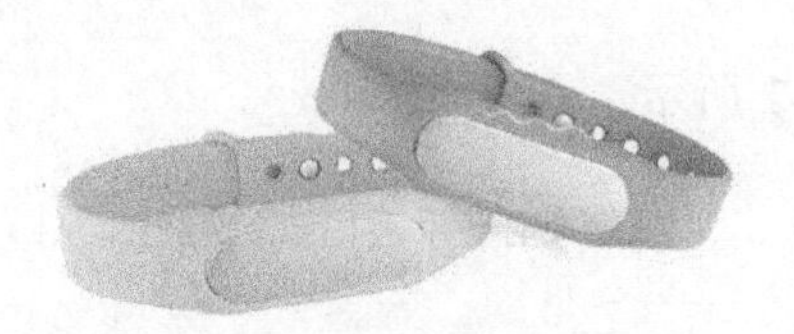

图 1-4　智能手环

2. 智能手表

智能手表（见图 1-5）是将手表内置智能化系统、搭载智能手机系统而连接于网络而实现多功能，能同步手机中的电话、短信、邮件、照片、音乐等。

图 1-5　智能手表

3. 智能眼镜

智能眼镜也称为智能镜（见图 1-6），是指“像智能手机一样，具有独立的操作系统，可以由用户安装软件、游戏等软件服务商提供的程序，可通过语音或动作操控完成添加日程、地图导航、与好友互动、拍摄照片和视频、与朋友展开视频通话等功能，并可以通过移动通信网络来实现无线网络接入的一类眼镜的总称”。

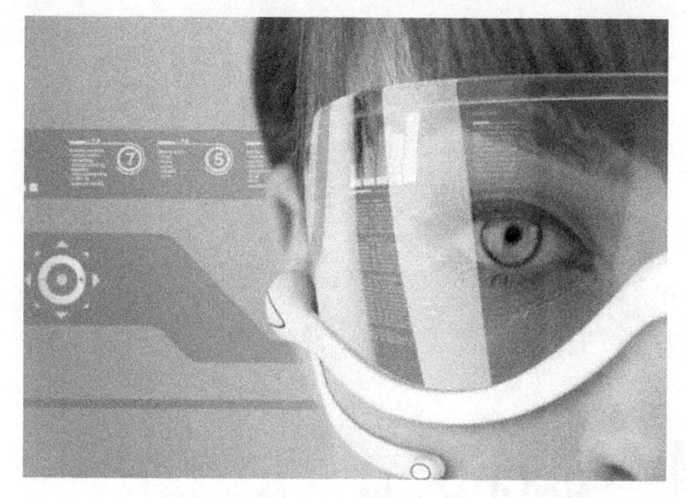

图 1-6　智能眼镜

项 目 总 结

作为智能体验馆的一名销售人员，首先要对手机、平板电脑等各种智能设备有一个大致的了解，其中包括：

（1）智能手机的特点和功能。

（2）平板电脑的特点和主要用途。

（3）了解各种智能穿戴设备。

（4）了解智能设备的品牌。

项目 2

手机选购之硬件

最近张大哥想换手机，特来咨询一下手机的配置。

任务 1 手机 CPU

任务描述

现在市面上手机 CPU 有很多种，那么各种 CPU 都有什么特点呢？

任务实施

手机 CPU 在日常生活中都是被购物者所忽略的手机性能之一，其实一部性能卓越的智能手机最为重要的肯定是它的“芯”，也就是 CPU，如同电脑 CPU 一样，它是整台手机的控制中枢系统，也是逻辑部分的控制中心。微处理器通过运行存储器内的软件及调用存储器内的数据库，达到控制目的。

下面我们主要从芯片架构和芯片厂商两个方面来对手机 CPU 做一下说明。

1．芯片架构

（1）ARM

ARM 架构全称 Acorn RISC Machine，即高级精简指令集机器，是一个 32 位精简指令集（RISC）处理器架构，其广泛使用在许多嵌入式系统设计。由于节能的特点，ARM 处理器非常适用于移动通信领域，符合其主要设计目标为低耗电的特性（见图 1-7）。

图 1-7 ARM 架构

（2）X86

X86 是 Intel 首先开发制造的一种微处理器体系结构。1978 年推出的 Intel8086 中央处理器中首度采用了这个架构，8086 这款处理器从 8008 处理器中发展而来。而 8008 则是发展自 Intel4004。8086 在三年后为 IBM PC 所选用，之后 X86 便成为个人计算机的标准平台，成为历年来最成功的 CPU 架构之一。

移动互联网方兴未艾，很多其他领域的大佬们也加入战局，其中就有个人计算机处理器的老大 Intel 的身影。在不考虑功耗的前提下，单就性能而言，X86 相比 ARM 优势非常明显，但移动终端对功耗极为敏感，所以如何降低功耗是 Intel 目前的重大课题（见图 1-8）。

图 1-8 X86 架构

（3）MIPS

MIPS 架构（英语：MIPS architecture，为 Microprocessor without interlocked piped stages architecture 的缩写，亦为 Millions of Instructions Per Second 的相关语），是一种采取精简指令集（RISC）的处理器架构，1981 年出现，由 MIPS 科技公司开发并授权，广泛被使用在许多电子产品、网络设备、个人娱乐装置与商业装置上。最早的 MIPS 架构是 32 位，最新的版本已经变成 64 位。

2. 芯片厂商

（1）高通

高通（Qualcomm）是美国的一家无线电通信技术研发公司，成立于 1985 年 7 月，在以技术创新推动无线通信向前发展方面扮演着重要的角色，以在 CDMA 技术方面处于领先地位而闻名，而 LTE 技术已成为世界上发展最快的无线技术。高通十分重视研究和开发，并已经向 100 多位制造商提供技术使用授权，涉及世界上所有电信设备和消费电子设备的品牌（见图 1-9）。

骁龙（Snapdragon）智能处理平台是美国高通公司推出的业界领先的全合一、全系列移动处理器，目前在全球范围内已支持三星、HTC、诺基亚、LG、索尼、华为、中兴等著名品牌的 1000 多款终端。2012 年 2 月 20 日，高通正式将 Snapdragon 系列处理器的中文名称定为“骁龙”（见图 1-10）。

图 1-9　高通

图 1-10　骁龙

（2）联发科

台湾联发科技股份有限公司（MediaTek.Inc）是全球著名 IC 设计厂商，专注于无线通信及数字多媒体等技术领域。其提供的芯片整合系统解决方案，包含无线通信、高清数字电视、光储存、DVD 及蓝光等相关的产品。联发科技成立于 1997 年，已在台湾证券交易所公开上市。总部设于中国台湾地区，并设有销售或研发团队于中国大陆、印度、美国、日本、韩国、新加坡、丹麦、英国、瑞典及阿联酋等国家和地区（见图 1-11）。

（3）NVIDIA

NVIDIA（全称为 NVIDIA Corporation，NASDAQ：NVDA，官方中文名称英伟达）创立于 1993 年 1 月，是一家以设计智核芯片组为主的无晶圆（Fabless）IC 半导体公司。NVIDIA 是全球图形技术和数字媒体处理器行业领导厂商，NVIDIA 的总部设在美国加利福尼亚州的圣克拉拉市，在 20 多个国家和地区拥有约 5700 名员工。公司在可编程图形处理器方面拥有先进的专业技术，在并行处理方面实现了诸多突破（见图 1-12）。

图 1-11　联发科

图 1-12　NVIDIA

（4）华为

海思 K3V2，是 2012 年业界体积最小的四核 A9 架构处理器。它是一款高性能 CPU，主频分为 1.2GHz 和 1.5GHz，是华为自主设计，采用 ARM 架构 35nm、64 位内存总线，是 Tegra 3 内存总线的 2 倍。该处理器的出现结束了中国国产手机“缺核少芯”的局面，使华为成为继三星和苹果之后第三家可以独立生产芯片的手机生产商（见图 1-13）。

图 1-13　华为

（5）Intel

说起 Intel，大家都不会陌生，从我们认识计算机开始就对 Intel 耳熟能详，与在计算机业的如日中天不同，在手机 CPU 市场始终达不到巅峰，而且一路走来还是磕磕绊绊。从 Intel 的第一款 PXA210 上市，以其高主频、对 3D 效果很好的处理，赢得了不少厂商的青睐，而此后的产品在主频和处理能力上也一直提升，但由于 Intel 的芯片做工较高，相应的价格也比同期产品要高很多，耗电量也更大，所以市场反应也并不好（见图 1-14）。

图 1-14　Intel

3. 型号比较

型号比较如表 1-3 所示。

表 1-3　型号比较

厂商	优点	缺点
高通	主频高，数据处理性能表现出色	图形处理能力较弱，功耗较大
联发科	价格低，开发难度低，发热小，主打低端机市场	性能不高
NVIDIA	最早上市的双核 CPU，搭载的 Geforce ULP 面积小，性能强，功耗较低	Tegra2 因为功耗问题去掉了 NEON，导致视频解码问题大，支持硬解格式少
华为	是 2012 年业界体积最小的四核 A9 架构处理器，华为自主设计	兼容性不好
Intel	频率高，对 3D 效果处理很好	功耗大

任务2 手机 GPU

任务描述

目前智能手机屏幕越来越大，系统越来越华丽，游戏特效越来越眩目，传统手机纯 CPU 处理的方式已经完全不能满足如今智能手机发展的需要了。

任务实施

GPU 英文全称 Graphic Processing Unit，中文翻译为“图形处理器”。GPU 是显卡的“大脑”，它决定了该显卡的档次和大部分性能，在手机主板上，GPU 芯片一般都是紧挨着 CPU 芯片的。

1．芯片厂商

目前市面上主流的移动 GPU 由三家公司生产。英国 Imagination 公司的 SGX 系列，美国高通公司的 Adreno 系列，以及著名显卡芯片商美国 NVIDIA 公司的移动 GeForce 系列。

（1）Imagination

Imagination（见图 1-15）可以说是移动 GPU 领域的老大，其中 SGX 系列 GPU 是目前智能手机中应用最广泛的 GPU，高到三星 i9000、iPhone 4，低到里程碑 1，还有诺基亚新发布的 MeeGo 手机 N9，统统用的是 SGX 芯片。而利用 Adreno 产品的手机相对少一些。使用最少的是 NVIDIA 的 GPU 芯片。下面分别简单介绍一下这三家公司目前主流的产品。

图 1-15　Imagination

（2）高通

高通的 Adreno 系列产品目前共有 Adreno 200/205/220 三款。除了 220 之外，其他两款在目前智能机中都有比较广泛的应用。Adreno 系列 GPU 历来以多边形输出能力强悍著称（见图 1-16）。

Adreno®

图 1-16　高通

（3）NVIDIA

最后，是目前的显卡性能冠军：NVIDIA 携它的力作 GeForce ULP 登场。其 9000 万多边形和 12 亿像素的恐怖处理能力，铸就了目前手机 GPU 业界性能的绝对第一。根据多项测评，在主流甚至大型 3D 游戏上，GeForce ULP 可以狠狠将 SGX 540 踩在脚下，性能差距之大完全能够用“秒杀”来形容。Adreno 220 没有测评，差距不得而知，不过成为 ULP 的“刀下鬼”是没有任何悬念的（见图 1-17）。

图 1-17　NVIDIA

除了上述三个主要的 GPU，还有其他一些非主流的产品，那么我们如何选择呢？

2. GPU 选择

（1）“跑分”测试

我们可以使用一些测试移动 GPU 的应用来进行跑分，比如 Benchmark，分数越高性能越好（见图 1-18）。

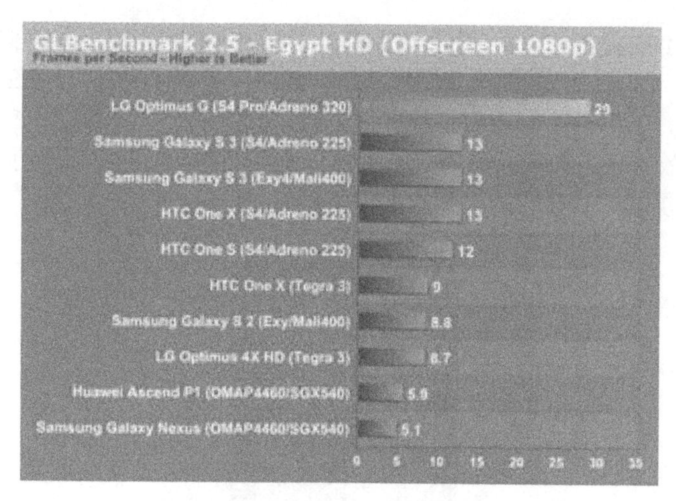

图 1-18　GLBenchmark 跑分测试

（2）注意兼容性

移动 GPU 的兼容性也是非常重要的，玩过 Android 大型 3D 游戏的朋友肯定有这样的经历：除了安装游戏应用外，还要下载数据包，但这个数据包不是随便下载的，而是要对应到中端机型，其实本质上是对应到 GPU 的具体类型，如果数据包和 GPU 不匹配，游戏就无法正常运行。

任务3 显示屏幕

任务描述

在大屏时代，智能手机的操作方式演化为多点触控后，手机屏幕的重要性日益凸显出来，那该如何选择屏幕呢？

任务实施

手机屏幕作为手机组成中重要的一部分，其显示效果会直接影响到整机的体验。目前关于屏幕的概念名词非常多，让人难以区分，难以选择。下面我们主要介绍一下主流的显示屏幕以及它们之间的特点。

1. 显示屏幕介绍

（1）LCD

LCD 是一种较为传统的屏幕材质，技术比较成熟，往下延伸可分为更多子类屏幕，例如 TFT、IPS、SLCD。这里需要提出的是，TFT 与 LCD 概念上有重叠，TFT 又被认为是所有 LCD 面板的统称，我们根据一般使用方式，在本文中将 TFT 归属为 LCD 的一个子分类。

① TFT 屏幕

这里所说的 TFT 是 LCD 的一个分类，是当前所有 LCD 屏幕改进的雏形。该屏幕的表现效果中规中矩，目前使用它的案例有摩托罗拉 Defy+（见图 1-19）、索尼 ST25i、索尼 LT22i 等。虽然理论上 TFT 算是比较老的一种屏幕材质，但由于大厂针对这些产品进行了技术优化，其实际显示效果还是差强人意的。不过部分小厂品牌的手机产品为了节省成本，采用较为低廉的 TFT 屏幕，其显示效果就有些参差不齐了。

图 1-19 摩托罗拉 Defy+

② IPS 屏幕

IPS 屏幕俗称“Super TFT”，从名字可以看出，IPS 屏幕是基于 TFT 屏幕的进阶版，但其实质还是 TFT 屏幕。IPS 屏幕的优势是显示效果通透、亮丽，可视角大，可以达到接近 180° 的可视角度。在实际应用中，IPS 屏幕最为典型的案例是苹果 iPhone 系列，例如 iPhone 4（见图 1-20）、iPhone 4S。同样也是苹果 iPhone 将 IPS 屏幕在手机中的应用发扬光大。

图 1-20　iPhone 4

③ SLCD（Super LCD）屏幕

可以说 SLCD 屏幕是 LCD 屏幕的高级进阶，该屏幕在色彩表现和可视角度方面更为接近于 OLED 屏的显示效果，而且色彩还原比较真实，不会显得偏色。

SLCD 屏幕的流行主要归功于 HTC，因为该品牌旗下的大部分主流机型都采用该材质的屏幕，并且取得了非常不错的市场认可。代表机型有 HTC G11（Incredible S）（见图 1-21）、HTC Mozart、HTC G14（Sensation）、HTC G18（Sensation XE）等。

图 1-21　HTC G11

（2）OLED 的分支——AMOLED 屏幕

目前主流 AMOLED 屏幕属于 OLED 屏的一个分支，主要技术掌握在三星手中。目前 AMOLED 屏幕大致已经发展到三代：AMOLED、Super AMOLED、Super AMOLED Plus。另外，Super AMOLED 还延伸出 Super AMOLED Advanced 和 HD Super AMOLED 两种屏幕，主要是分辨率有所区别，归为一类。

与 LCD 屏的最大差异是，OLED 屏是通过像素自发光来显示成像的。从这个角度上来讲，OLED 屏幕比 LCD 屏幕的技术要更加先进。另外，OLED 屏在厚度上可以做得更薄，从而有利于对整机的厚度控制。

OLED 屏幕的最典型代表——三星 AMOLED 屏幕的特点是：亮度高，即使在阳光下显示效果依然出色。另外，该屏幕的色彩对比度非常高，甚至造成偏色，一些用户对此反感，这可以说是优点也可以说是缺点，只能说各有所好。

① AMOLED

AMOLED 是三星第一代 AMOLED 屏幕，现在使用得不多。代表机型有诺基亚 N86（见图 1-22）、诺基亚 N8 等，另外其他品牌的较早的手机上也有应用，但知名度不高。

图 1-22　诺基亚 N86

② Super AMOLED

Super AMOLED 是第二代 AMOLED 屏幕，之后还延伸出 Super AMOLED Advanced 和 HD Super AMOLED 屏，该屏幕也是使用非常广泛的一种屏幕，前期在三星自家手机上表现出色，成为其杀手锏优势之一。

Super AMOLED 屏幕色彩饱和度高，显示艳丽，但由于采用 P 排列，所以颗粒感较强。不过 Super AMOLED Advanced 和 HD Super AMOLED 屏幕拥有较高的分辨率，在一定的程度上可以缓解颗粒感，特别是 HD Super AMOLED 屏幕的颗粒感已经控制得很好，使用起来已经非常出色了。

Super AMOLED 代表机型有三星 I9000、三星 Nexus S、三星 I8700（Omnia 7）、NOKIA Lumia 800 等。

Super AMOLED Advanced 代表机型有摩托罗拉 XT910、HTC One S、华为 P1 等。

HD Super AMOLED 代表机型有三星 Galaxy Note、三星 Galaxy Nexus（I9250）、三星 Galaxy SⅢ（I9300）（见图 1-23）。

图 1-23　三星 Galaxy SⅢ

③ Super AMOLED Plus

Super AMOLED Plus 屏幕主要是针对 Super AMOLED 进行改进，由 Pentile 次像素排列

方式改为传统 RGB 排列方式。这样一来，可以在一定的程度上改变 Super AMOLED 屏幕颗粒感强的弊端。但是，通过三星两代机型 I9100 与 I9000 的屏幕比较可以看出，Super AMOLED Plus 的颗粒感的确有所改进，但是偏色情况似乎更加严重。另外，从三星近期推出的几款新机来看，三星似乎更愿意使用 HD Super AMOLED 屏幕，毕竟目前的高分辨率已经可以抵消颗粒感了。

Super AMOLED Plus 代表机型有三星 I9100、诺基亚 900、OPPO Finder（见图 1-24）。

图 1-24　OPPO Finder

2．各显示屏幕的优缺点

各显示屏幕的优缺点如表 1-4 所示。

表 1-4　各显示屏幕的优缺点

屏幕种类	TFT	IPS	SLCD	AMOLED	Super AMOLED	Super AMOLED Plus
优点	亮度好，还原度高	可视度高，色彩好	可视度高，可拼接	响应快，省电	可视度高，对比度高	可视度高，颗粒感弱
缺点	耗电	功耗高，响应慢	亮度一般	还原度略欠	还原度略欠	还原度略欠

任务 4　系统内存

任务描述

经常看到手机宣传页上说手机内存有多大，这到底指的是什么呢？

任务实施

手机系统内存分为“手机运行内存”及“手机内部存储”。手机的“运行内存”相当于电脑的内存（或者叫内存条）；而手机的“内存存储”，即手机的 ROM 和硬盘，是机身内部存储器（简称机身内存），相当于电脑的硬盘。

下面我们详细介绍一下。

手机系统内存（RAM）是指手机运行程序时使用的内存（即运行内存），只能临时存储数据，用于与 CPU 交换高速缓存数据，但是随机存储器本身不能用于长期存储数据。

手机内部存储（ROM）是用来存储东西的内置存储器（通常被简称成了“内存”），即机身内存，安卓手机系统占用一部分，其他安装程序也会占用一部分。就像 8GB 的 MP4 一样，它拥有 8GB 的存储空间。

用电脑比喻的话，手机系统内存就是电脑的内存（内存条）；手机内部存储就是电脑的硬盘（一个只有 C 盘的单分区硬盘）。

随着手机的应用越来越多，越来越大，为了保证系统的流畅运行，手机的运行内存也相应增大，目前已经出现了 8GB 大内存手机。例如一加 5 手机（见图 1-25）。

图 1-25　一加 5 手机

任务 5　其他配置

任务描述

除了上面的部件，摄像头、电池等应该怎么选择呢？

任务实施

除了上述的 CPU、GPU、显示屏幕和系统内存，还有很多其他的部件也很重要。

1. 摄像头

毋庸置疑，如今拍照已成为手机最重要的功能之一，也是购买手机时的重要考量因素。甚至从某种程度上来说，手机已经替代专业的相机，成为我们日常生活中最主要的拍摄工具。

"×××像素""×××传感器""×××镜头""×××光圈"，当面对这些被疯狂叫嚣的相机卖点时，作为并不精通相机的普通消费者，很多人变得茫然，开始只会做加减算法，似乎最高的就是最好的，而关于这些参数所代表的真正意义，却并不了解。下面我们就来介绍一下。

（1）像素

"像素"是指相机传感器上的最小感光单位，而我们通常所说的"×××万像素"实际是指相机的分辨率，其数值大小主要由相机传感器中的像素点（即最小感光单位）数量决定，例如 500 万像素就意味着传感器中有 500 万个像素点，和手机屏幕中的像素数量决定屏幕是 720P 或 1080P 分辨率是一个道理（见图 1-26）。

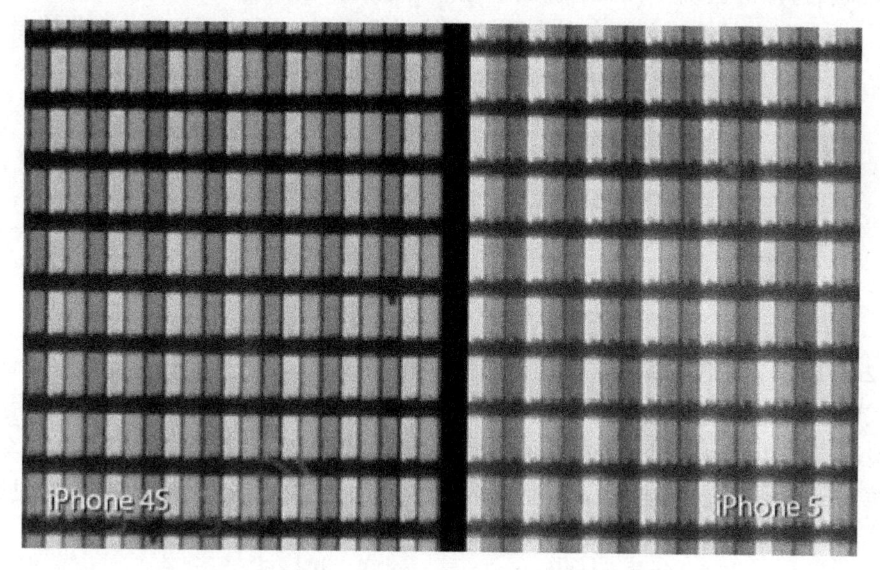

图 1-26 像素

人们通常会以为相机像素越高，拍的照片就越清晰，实际上这是很片面的。相机的像素唯一能决定的是其所拍图片的分辨率，而图片的分辨率越高，只代表了图片的尺寸越大，并不能说明图片越清晰。更高像素的相机所拍图片的尺寸更大，假如我们想把样张打印出来，以常规的 300 像素/英寸的打印标准来计算，1300 万像素相机所拍的 4208×3120 像素样张，可打印 17 英寸照片，而 800 万像素相机的 3200×2400 像素样张，打印超过 13 英寸的照片就开始模糊了。很显然 1300 万像素相机样张可打印的尺寸更大。

总之，像素不能决定照片质量，或者说像素并不是决定照片质量的唯一要素。在电脑、手机屏幕等主要查看路径上，1300 万像素相机、800 万像素相机或者更高的 1600 万像素、2070 万像素所拍照片的清晰度表现都是没有区别的。

（2）传感器

决定图片质量的关键因素是传感器。

相机传感器主要分两种，即 CCD 和 CMOS。CCD 传感器虽然成像质量好，但是成本较高，并不适用于手机，而 CMOS 传感器凭借着较低的功耗和价格以及优异的影像品质，在手机领域应用最为广泛（见图 1-27）。

图 1-27　CMOS 传感器

CMOS 传感器又分为背照式和堆栈式两种，二者系出同门，技术最早都由索尼研发，索尼背照式传感器品牌名为“Exmor R”，堆栈式传感器为“Exmor RS”。

相对来说，传感器尺寸越大，感光性能越好，捕捉的光子（图形信号）越多，信噪比越高，成像效果自然也越出色，然而更大的传感器却会导致手机的体积、重量、成本增加。

背照式传感器的出现，有效地解决了这个问题。在相同的尺寸下，它使传感器感光能力提升了 100%，有效地改善了在弱光环境下的成像质量。所以，之前在选购拍照手机时，用户都会首先考虑摄像头是否应用了 Exmor R 背照式传感器（见图 1-28）。

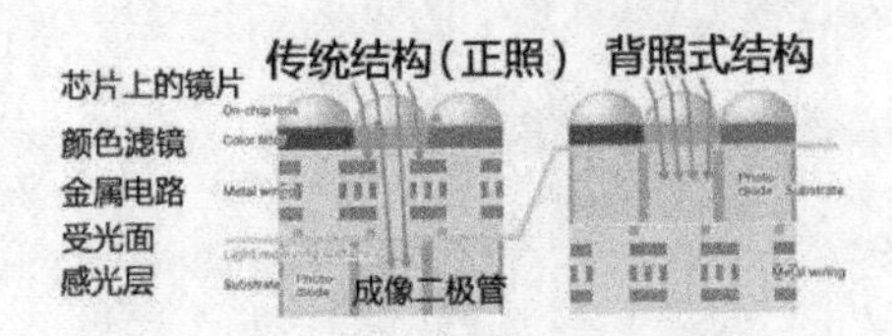

图 1-28　背照式与正照式传感器对比

2012 年 8 月，索尼发布了全新堆栈式传感器（Exmor RS CMOS）。需要注意的是，它和背照式传感器并非演进关系，而是并列关系，堆栈式传感器的主要优势是在像素数保持不变的情况下，让传感器尺寸变得更小，也可以理解为，在与背照式传感器的像素数相同时，堆栈式传感器的尺寸会更小，从而节省了空间，让手机变得更薄、更轻。（见图 1-29）

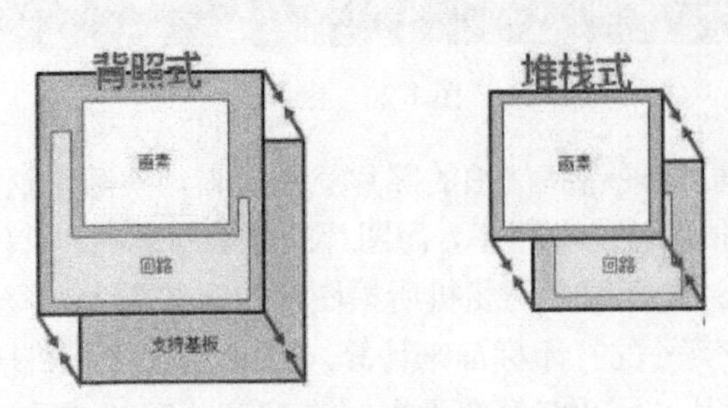

图 1-29　背照式和堆栈式传感器对比

所以我们在选择手机的摄像头时，不要一味地追求高像素，一定要注意传感器的选择。

2．电池

手机电池是为手机提供电力的储能工具，手机电池一般用的是锂电池和镍氢电池。“mAh”是电池容量的单位，中文名称是毫安时。

对于锂电池的“激活”问题，众多的说法是：充电时间一定要超过 12 小时，反复做三次充分的充放电，以便激活电池。这种“前三次充电要充 12 小时以上”的说法，是针对 20 世纪 90 年代的充电电池来说的，当时的那种镍镉电池具有记忆效应，需要满充满放来保证电池容量。现在手机上使用的是锂离子电池，它没有记忆效应，一般 2～3 小时就可充满，充满就足够了。如果对新电池前三次充放电真能达到 12 小时或以上，那会对电池造成很大伤害，有可能引起电池鼓胀，甚至燃烧。好在手机和充电器都有保护电路，充到 100%时就会自动断电，插在充电器上也不会继续充电了。不过，这时还是拔下充电器为好，以防充电器保护电路万一出现问题使电池过充，对电池材料造成严重伤害，影响电池的容量和寿命。通常，手机说明书上介绍的充电方法，就是适合该手机的标准充电方法。

电池在使用中的误区如下。

（1）手机电量用尽后再充电

受镍氢电池的使用影响，很多人还是喜欢把手机电池电量完全用尽后再充电。对于锂电池来说，这样做起不到避免记忆效应的作用，而且电量用光后再充电时锂元素活性不足，长期如此会影响电池容量（见图 1-30）。

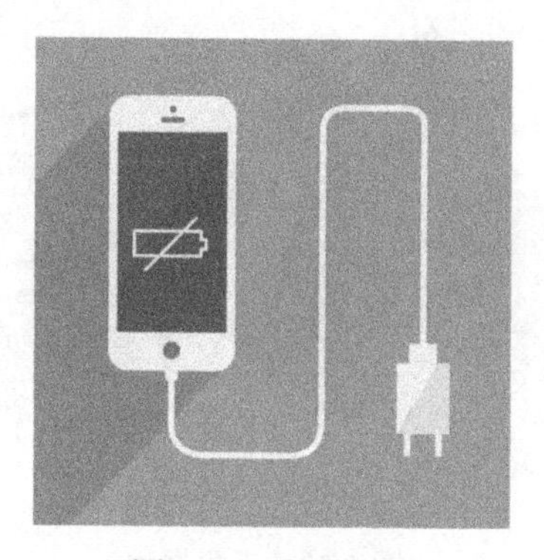

图 1-30　电池用尽

（2）手机电池长时间不使用应充满（或放空）电

很多人家中有多部手机或有多块电池，某些电池会长时间放置不用，很多人则采用两种极端的做法——充满电或放空电。其实这两种做法均会影响手机寿命，正确的方法是将手机电量充至 40%～60%，并存放于阴凉干燥处。

（3）第一次充电需要 12 小时以上

2013 年的手机多使用锂电池，与曾经的镍氢电池不同，锂电池不具有记忆效应（正确地说是记忆效应很弱），不存在激活一说，长时间的充电会对电池造成一定的损害。那么第一次充电的时间控制在多少为好呢？这还要看电池的容量，一般来说在 2～4 小时，手机显示充电完成后再充半小时就可以了。

（4）过度充电会引起电池爆炸

锂电池一般会有安全保护电路及多种安全装置，保证在过度充放电和短路时自动切断电池的电路，除非有质量问题，否则电池不会因为长时间插着充电而发生爆炸。但是，充满电后不拔掉电源，会让电池一直保持满电状态，虽然不会爆炸，但是会加快电池容量的损失速度。因此建议最好还是拔掉电源再通话。充电时电池上面不要覆盖任何东西，也不要放在床上，以免发生火灾（见图 1-31）。

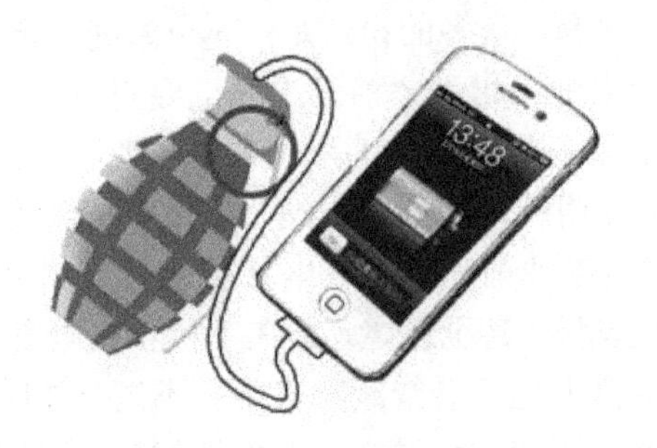

图 1-31　手机过度充电

（5）使用“万能充电器”

很多人喜欢使用“万能充电器”，认为万能充既便宜又方便，然而这种充电器不是原厂生产，其充电电流并不适合所有的电池型号，而且充电器本身质量低劣，引起过很多爆炸事件（见图 1-32）。

图 1-32　手机爆炸

（6）放在阳光下为手机“取暖”

很多旧型号的手机在冬天表现出电池电量低于其他季节的情况，这是因为寒冷的冬天使电池内的化学反应活性降低，因此很多人喜欢把手机放到太阳下晒，或放在暖气旁“取暖”。这种做法也是错误的，一旦电池过热极易导致爆炸现象。

（7）手机电池放到冰箱冷冻室“冻”三天可以恢复电量

网上有传闻，说手机旧电池放到冰箱里冻三天可以恢复一部分电量，很多网友尝试后果真见效。其实，这种做法也不可取，冰箱冷冻室中湿度大，手机电池一旦受潮，在使用中极易发生危险。专家表示：“手机电池存放一段时间不用，再次使用时电量都会有部分恢复，在冰箱中冷冻，会破坏电池内部结构，虽然会显现出短时的电量增长，但多次使用后便会失去效果，而且严重影响电池寿命。”

（8）电池到达充电次数限制便不能再使用

厂家在手机说明书中一般标有电池的使用次数限制，而消费者则以次数值为准计算电池寿命，其实，电池的寿命取决于使用、保存、充电等多种因素，并不存在固定数值。

（9）不注重电池清洁

在手机用户中，很少有人会注意电池的清洁，其实，偶尔用橡皮擦擦拭电池的金属触面，可以除去金属面上的生锈物质，有助于电池的充电和延长电池寿命。

（10）手机=游戏机

有些年轻人喜欢游戏型手机，手持一款手机走到哪玩到哪，可是，游戏性手机一般芯片性能较高，散热性能差，长时间使用会引起机体及电池过热，发生爆炸。

项 目 总 结

作为一名智能设备的销售人员，对手机的硬件配置必须有一个非常清晰的认识。

1．CPU

手机 CPU 架构：ARM、X86、MIPS。

手机 CPU 的型号及特点如表 1-5 所示。

表 1-5　手机 CPU 的型号及特点

厂商	优点	缺点
高通	主频高，数据处理性能表现出色	图形处理能力较弱，功耗较大
联发科	价格低，开发难度低，发热低，主打低端机市场	性能不高
NVIDIA	最早上市的双核 CPU，搭载的 Geforce ULP 面积小，性能强，功耗较低	Tegra2 因为功耗问题去掉了 NEON，导致视频解码问题大，支持硬解格式少
华为	是 2012 年业界体积最小的四核 A9 架构处理器，华为自主设计	兼容性不好
Intel	频率高，对 3D 效果处理很好	功耗大

2．GPU

GPU 的型号如表 1-6 所示。

表 1-6　GPU 的型号

厂商	代表型号
Imagination	SGX 系列
Adreno	Adreno 系列
NVIDIA	GeForce 系列

3．显示屏幕

显示屏幕的分类及特点如表 1-7 所示。

表 1-37 显示屏幕的分类及特点

屏幕种类	TFT	IPS	SLCD	AMOLED	Super AMOLED	Super AMOLED Plus
优点	亮度好，还原度高	可视度高，色彩好	可视度高，可拼接	响应快，省电	可视度高，对比度高	可视度高，颗粒感弱
缺点	耗电	功耗高，响应慢	亮度一般	还原度略欠	还原度略欠	还原度略欠

4．系统内存

手机系统内存分为“手机运行内存”及“手机内部存储”。手机的“运行内存”相当于电脑的内存（或者叫内存条）；而手机的“内存存储”，即手机的 ROM 和硬盘，是机身内部存储器（简称机身内存），相当于电脑的硬盘。

5．摄像头和电池

手机摄像头像素的高低并不是决定照相质量的决定因素，还要注意感光器的选择。

在电池的使用上，只要掌握科学的手机使用技巧，就可以避免很多的手机安全事故。

项目 3

手机选购之系统

智能手机的操作系统有很多种，该如何选择呢？

任务 1 iOS 平台简介

任务描述

大名鼎鼎的苹果手机就是用的 iOS 系统，那么 iOS 有什么特点呢？

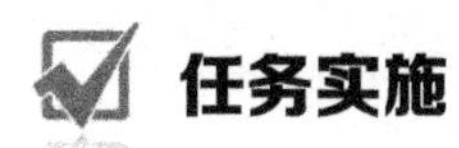

iOS 是由苹果公司开发的移动操作系统。苹果公司最早于 2007 年 1 月 9 日的 Macworld 大会上公布这个系统，最初是设计给 iPhone 使用的，后来陆续套用到 iPod touch、iPad 以及 Apple TV 等产品上。iOS 与苹果的 Mac OS X 操作系统一样，属于类 UNIX 的商业操作系统。原本这个系统名为 iPhone OS，因为 iPad、iPhone、iPod touch 都使用 iPhone OS，所以 2010WWDC 大会上宣布改名为 iOS。

iOS 的特点如下。

iOS 系统是苹果公司开发的闭源系统，优点是对手机配置要求比较低，系统本身不会过多耗用手机的配置资源，并且 iOS 是伪后台，不存在后台软件，所以 iOS 使用起来总是很流畅的，而且 iOS 的软件独特性是其他系统所没有的，很多系统没有的软件，iOS 都有。缺点是 iOS 系统的软件大部分都是要收费的（因为大部分都是苹果公司自己开发或找人开发的，属于苹果专利），而且价格不菲，并且 iOS 的界面比起安卓，界面个性化方面还是有些不足（见图 1-33）。

图 1-33　iOS

任务 2　Android 平台简介

任务描述

目前大部分智能手机都是 Android 系统，那么 Android 有什么特点呢？

任务实施

Android 是一种基于 Linux 的自由及开放源代码的操作系统，主要使用于移动设备，例如智能手机和平板电脑，由 Google 公司和开放手机联盟领导及开发。

Android 的特点如下。

Android 是安卓公司开发的开源系统（后被谷歌公司收购），优点是软件多样化，并且绝大多数的软件都是完全免费的，下载免费，使用也是免费的，系统本身授权时需要手机生产商给予的费用，也比其他两个系统便宜得多，比较亲民，适合大多数工薪阶层，又因为其是开源系统，刷机容易，root（破解手机系统，获取最高权限）也容易，个性化方面简直可以说是无与伦比，界面多样化，丰富多彩。缺点是安卓系统自带的预装软件太多，太占用手机配置，比较占用 RAM 运存，并且对 CPU 要求比较高，使用起来没有 iOS 和 WP 系统那么流畅（见图 1-34）。

图 1-34 Android

任务 3 WP 平台简介

任务描述

大名鼎鼎的微软开发的移动操作系统，那么 WP 有什么特点呢？

任务实施

Windows Phone（简称 WP）是微软于 2010 年 10 月 21 日正式发布的一款手机操作系统，初始版本命名为 Windows Phone 7.0。基于 Windows CE 内核，采用了一种称为 Metro 的用户界面（UI），并将微软旗下的 Xbox Live 游戏、Xbox Music 音乐与独特的视频体验集成至手机中。

WP 的特点如下。

Windows Phone 具有桌面定制、图标拖曳、滑动控制等一系列前卫的操作体验。其主屏幕通过提供类似仪表盘的体验来显示新的电子邮件、短信、未接来电、日历约会等，让人们对重要信息保持时刻更新。它还包括一个增强的触摸屏界面，更方便手指操作，以及一个最新版本的 IE Mobile 浏览器，该浏览器在一项由微软赞助的第三方调查研究中，和参与调研的其他浏览器及手机相比，可以执行指定任务的比例超过 48%。很容易看出微软在用户操作体验上所做出的努力，而史蒂夫 • 鲍尔默也表示："全新的 Windows 手机把网络、个人电脑和手机的优势集于一身，让人们可以随时随地享受到想要的体验"。

Windows Phone 力图打破人们与信息和应用之间的隔阂，提供适用于人们包括工作和娱乐在内完整生活的方方面面，最优秀的端到端体验（见图 1-35）。

图 1-35　WP

项 目 总 结

三种手机系统各有特点，那么我们如何选择呢？是选择开放的 Android 平台，还是 iOS 系统或者小众的 WP10 平台？下面我们来分析一下。

1. 性价比

提到价格，苹果总是当仁不让，无论是哪一代的 iPhone 都是当时市面上最贵的智能手机之一。200 美元（约合人民币 1230 元）的合约价和 650 美元（约合人民币 4000 元）的裸机价，都要比大部分对手高一些。即使是 iPhone 5C 这样的廉价版便宜了 100 美元，依然算不上便宜。

而现在已经被微软收购的诺基亚一直以来都擅长生产质量好、价格低的产品。诺基亚推出了不同价位的 WP 系统手机，狠狠地限制住了 Android 和 iOS 等竞争对手在入门级市场的发挥空间。而包括三星、中兴、LG、联想和华为等未来也将成为微软的合作伙伴，推出更多低价智能手机。

当然，与 Android 相比 WP 无论在产品类别和规模上都无法相提并论。有大量的厂商都在 Android 平台上尽全力生产各种具有超高性价比的机型，而 Android 的免费策略也进一步有利于降低产品的成本。而三星、索尼、LG、HTC、中兴、华为等厂商，都是 Android 系统产品的主要来源。

2. 界面

三个主流系统都开始向界面简洁、扁平、易操作和多彩的风格变化。而最大的不同就是由于许多 Android 手机厂商都专门自己定制了操作系统（例如 MIUI）（见图 1-36），因此还有许多变化。虽然三大系统现在的界面结构基本相同，比如下拉激活通知中心、应用 Dock 和图标等，但是在界面的多样性上，Android 还是要强过 iOS 和 WP。

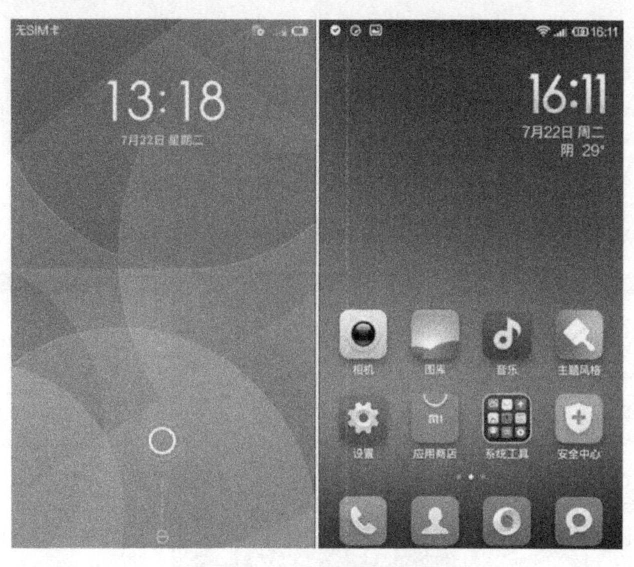

图 1-36　小米手机的 MIUI

3．应用程序

在应用程序的数量和质量上，WP 可要远远落后于 iOS 和 Android 两座大山。

Android：120 万。

iOS：120 万。

Windows Phone：24.5 万。

iOS 在应用程序数量和质量上一直都名列前茅，同时也是开发人员最喜欢的平台。虽然最近 Android 似乎有迎头赶上的趋势，并且 Google Play 商店的免费应用和游戏越来越多，但是在种类和质量上，还是无法与 iOS 相提并论，唯一遗憾的是 iOS 的应用大部分是收费的（见图 1-37）。

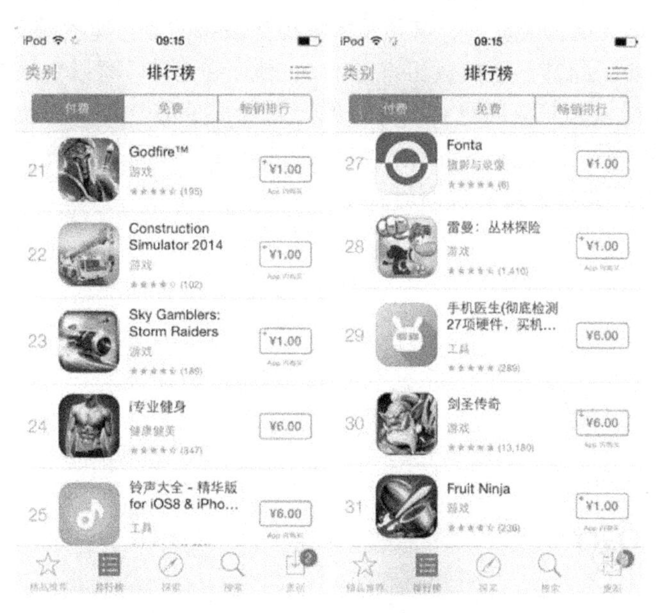

图 1-37　iOS 应用

4．可定制性

虽然三个系统都有不少可以定制的元素，但是不得不承认，这方面绝对是 Android 的优势。新机到手，你就可以根据自己的经验进行各种设置。还可以安装桌面启动器，改变系统的操作界面。设置锁屏界面、多背景切换、任意调整桌面部件大小和快速启动图标。而 iOS 和 WP 只能提供有限的选项，只能设置背景和快速启动图标（见图 1-38）。

图 1-38　Android 定制桌面

5．Rooting、bootloader 和越狱

对于 Android 设备来说，一旦获得 Root 权限，就可以对系统进行随心所欲的改变。虽然这并不适合所有人，但是你却能够获得更多的应用、无须等待安装最新的系统、最新的操作界面、摆脱臃肿的运营商预装软件、甚至是大幅提高设备的运行速度或电池续航时间等。

而许多 Android 厂商甚至还提供了官方的 bootloader 工具，可以更深层次定制自己的手机。而这种情况是微软和苹果所绝对不允许的。只有很少部分的 WP 机型可以 Rooting 和 bootloader，而 iOS 系统的越狱更是始终与苹果进行针锋相对。即使是越狱了也只是绕过 App Store 安装应用及部分系统插件而已。

项目 4

手机选购之传感器

现如今智能手机技术的发展速度都快得令人难以想象，其中就包含传感器技术。虽然看似不起眼儿，但手机当中的传感器有能力让我们的生活方式发生重大转变。

任务 1 加速度传感器

任务描述

加速度传感器是最普遍的手机传感器之一，它的作用是什么呢？

任务实施

加速度传感器（重力感应）是一种测量加速度的电子设备。在手机中，加速度传感器可以监测手机受到的加速度的大小和方向。

加速度传感器原理：运用电效应实现，一片“重力块”和压电晶体做成一个重力感应模块，手机方向改变时，重力块作用于不同方向的压电晶体上的力也随之改变，输出电压信号不同，从而判断手机的方向（见图 1-39）。

图 1-39　加速度传感器

重力感应常用于自动旋转屏幕以及一些游戏。

任务2 光线传感器

任务描述

现在很多手机可以自动调节屏幕亮度，这是怎么实现的呢？

任务实施

光线传感器是由两个组件即投光器及受光器所组成的，利用投光器将光线由透镜将之聚焦，经传输而至受光器的透镜，再至接收感应器，感应器将收到的光线信号转变成电气信号，此电气信号更可进一步做各种不同的开关及控制动作，其基本原理即对投光器和受光器之间的光线做遮蔽动作所获得的信号加以运用以完成各种自动化控制（见图1-40）。

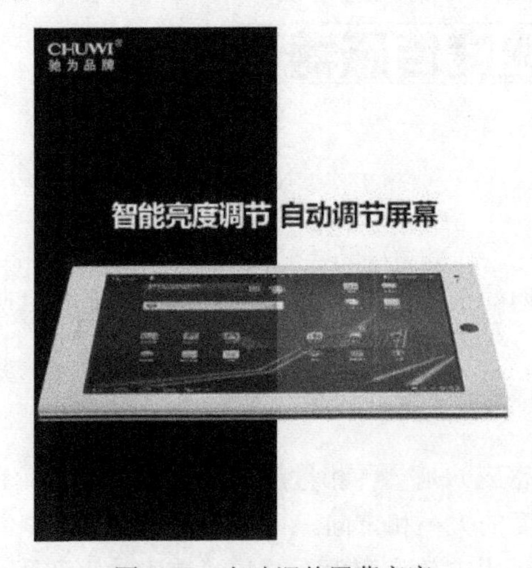

图1-40　自动调整屏幕亮度

光线传感器主要应用于自动调整屏幕亮度等。

任务3 距离传感器

任务描述

当我们打电话，把手机听筒放到耳边的时候，屏幕是黑的；而当把手机从耳边移开的时候，屏幕又亮了。不用担心，这不是手机出了问题，而是因为这是距离传感器的功能。

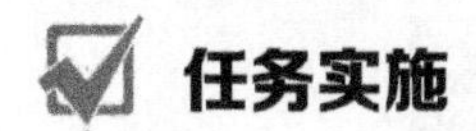

任务实施

距离传感器又叫位移传感器，距离传感器一般都在手机听筒的两侧或者是在手机听筒凹槽中，这样便于它的工作。当用户在接听或拨打电话时，将手机靠近头部，距离传感器可以测出距离，到了一定的程度后便通知屏幕背景灯熄灭，拿开时再度点亮背景灯，这样更方便用户操作，也更为节省电量（见图 1-41）。

图 1-41　距离传感器

距离感应主要是利用各种元件检测对象物的物理变化量，通过将该变化量换算为距离，来测量从传感器到对象物的距离位移的机器。根据使用元件不同，分为光学式位移传感器、线性接近传感器、超声波位移传感器等。

现在，距离传感器主要广泛应用于手机上。当接通电话时，如果挡住距离传感器（在辅助摄像头和光线传感器之间的不明显的小长方形），屏幕就会变黑。也就是在你接电话时，屏幕会变黑，节约用电的同时还可以防止误操作。

任务 4　指纹识别

任务描述

近年来手机上可以完成的功能越来越多，尤其是目前各大互联网公司都在推出线上线下融合的发展思路，手机支付的场景越来越多，那么手机的安全问题，也成为大家非常关心的话题。从苹果 iPhone5S 手机开始，指纹识别技术正式进入大家的视野，而且在目前已经有许多 App 都可以支持指纹解锁操作，或者支付，等等，这对于用户的信息安全起到了非常大的作用。下面就来认识一下指纹识别。

任务实施

指纹识别技术是通过取像设备读取指纹图像，然后用计算机识别软件提取指纹的特征数据，最后通过匹配识别算法得到识别结果，以便确定指纹所有人身份的生物特征识别技术（见图 1-42）。

图 1-42　指纹识别

指纹识别现在不仅仅用于手机的解锁，还应用在公安、海关、银行等需要进行身份鉴定的领域，而且以后指纹识别的应用将会越来越广泛，并取代个人识别码和口令。

指纹识别技术也是生物识别技术的一种，除了指纹以外，虹膜、声音、面孔和手形等无法被遗忘、失窃和复制的人体生物特征都能成为身份认证的一项内容。随着科学技术的发展，未来我们的身份认证将会变得更加具有唯一性、准确性和可靠性。

任务 5　电子罗盘

任务描述

现在手机上都装有指南针，能够利用地球磁场指示方位，这是利用的什么原理呢？里面有一个小磁针吗？

任务实施

这里所说的指南针更专业的叫法是“电子罗盘”（见图 1-43）。目前智能手机上几乎都配有“电子罗盘”，这是说我们手机里面有一个小小的磁针吗？当然不是！行使罗盘功能的其实是一个能对磁场做出响应的传感器。现在手机上普遍采用基于“霍尔效应”原理的磁场测量器件。

图 1-43　电子罗盘

什么是“霍尔效应”呢？其实这是 100 多年前物理学家发现的一种现象，不是太难理解。

当我们把通有电流的导体放在磁场当中时，电流就会受到磁场的作用力，而电流是由自由电子定向运动形成的，因此本质上是电子受到磁场的作用力。如果我们不让导线运动，那么其中的电子就会拥挤在导线的一侧，带上多余的负电荷。而另一侧因缺少了电子，带上正电荷。这样就在导线的两侧建立起了一个电场，这种现象就是“霍尔效应”（见图 1-44）。

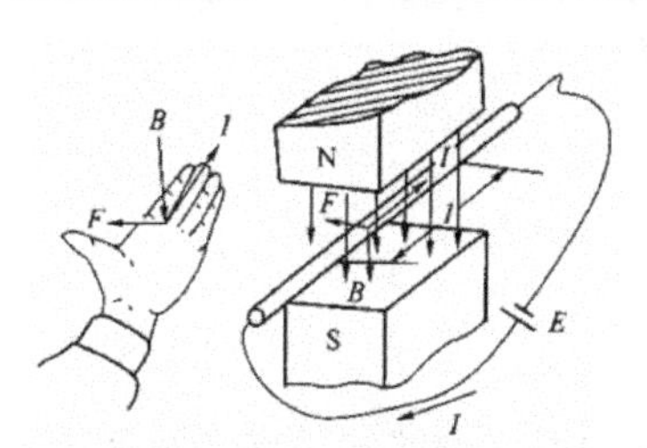

通电导体在磁场中受力方向的判断

图 1-44　电流受到磁场作用力

在电流和磁场一定时，“霍尔效应”的强弱与导体在磁场中的方位有关，导体与磁场的夹角越大，霍尔效应越强，正是利用这个简单的物理原理，衍生出了灵敏轻巧的磁传感器，能帮助我们找到正确的方向。

或许有人会问，现在手机都有 GPS 定位功能了还有必要装一个“电子罗盘”吗？其实很有必要！

如果在树林或者大厦林立的地方，那么手机很有可能没有 GPS 信号，而有了“电子罗盘”之后就可以更好地保障你不会迷失方向，毕竟地球磁场是无处不在的（见图 1-45）。

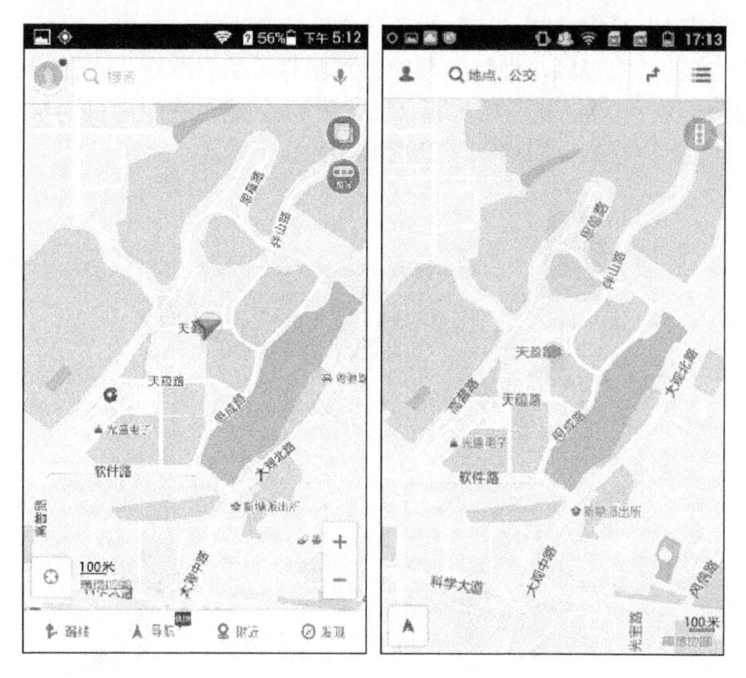

图 1-45　导航无信号

还有非常重要的一点，如果我们处于静止状态或者非常缓慢地移动，GPS 只能判断我们所处的位置，并不能指示方向。打开导航地图你将会发现所在的位置显示一个小圆点儿，而有“电子罗盘”就会显示箭头，并可以随着手机的方位旋转。因此，“电子罗盘”并不是可有可无的传感器，是 GPS 定位的重要补充。

任务 6 陀螺仪

任务描述

现在，当我们开启安兔兔检测手机硬件的时候，经常能发现在传感器一栏中有一个叫陀螺仪传感器的东西，它到底是干什么的呢？

任务实施

陀螺仪又叫角速度传感器，是不同于加速度计（G-sensor）的，它的测量物理量是偏转、倾斜时的转动角速度。在手机上，仅用加速度计没办法测量或重构出完整的 3D 动作，测不到转动的动作，G-sensor 只能检测轴向的线性动作。但陀螺仪则可以对转动、偏转的动作做很好的测量，这样就可以精确分析并判断出使用者的实际动作。而后根据动作，可以对手机做相应的操作。

陀螺仪在消费类产品上，最成功的应用当属在 Wii 的游戏（Wii Motion Plus）中做体感游戏手柄，去实现对游戏的控制。让游戏者只要手持 Wii Motion Plus 手柄，就可以通过自己的动作控制屏上的游戏视频，做打乒乓球、网球等运动类游戏，或者转动手柄，你就可以玩驾车的视频游戏。其次，是空中鼠标（飞行鼠标），通过在空中移动鼠标，即能控制到屏幕上的光标做上下左右的灵活移动（见图 1-46）。

图 1-46 陀螺仪的应用

目前手机陀螺仪主要有以下几种应用。

（1）动作感应的 GUI：通过小幅度的倾斜，偏转手机，实现菜单、目录的选择和操作的执行。比如前后倾斜手机，实现通信录条目的上下滚动。左右倾斜手机，实现浏览页面的左右移动或者页面的放大或缩小。

（2）转动，轻轻晃动手机两三下，实现电话接听或打开网页浏览器等。

（3）拍照时的图像稳定，防止手的抖动对拍照质量的影响。在按下快门时，记录手的抖动动作，将手的抖动反馈给图像处理器，可以抓到更清晰稳定的图片。

（4）GPS 的惯性导航：当汽车行驶到隧道或城市高大建筑物附近，没有 GPS 信号时，可以通过陀螺仪来测量汽车的偏航或直线运动位移，从而继续导航。

（5）通过动作感应控制游戏：这也是需要重点介绍的，也是可以给 App 开发者更多创新空间的地方。开发者可以通过陀螺仪对动作的检测（3D 范围内手机的动作），实现对游戏的操作。比如，把你的手机当作一个方向盘，你的手机屏幕上是一架飞行中的战斗机，只要你上下左右地倾斜手机，飞机就可以做上下左右的动作（见图 1-47）。

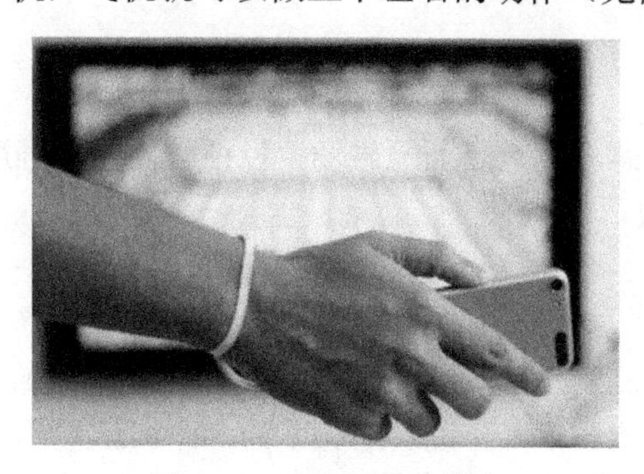

图 1-47　手机玩体感游戏

项目总结

现在手机的功能越来越多，尤其是移动互联网的发展，使手机的进步更是迅速。人们对手机的要求已经不再局限于以往的电话和短信，我们对手机在功能上的要求越来越多。而这些功能的实现，大部分要依赖于传感器。

1．加速度传感器

智能手机中最常见的传感器之一是加速度传感器。正如其名字揭示的那样，加速度传感器能测量手机的加速度。使手机在任何方向上运动，加速度传感器就会有信号输出，手机静止不动时加速度传感器则没有信号输出。加速度传感器还能测量手机在三个方向上的角度。利用加速度传感器的信号判断手机的状态是平放还是有一定的角度，显示屏是向上还是向下。

2．光线传感器

手机的光线传感器能检测环境的亮度。软件可以利用光线传感器的数据自动调节显示屏的亮度。当环境亮度高时，显示屏亮度会相应调高。当环境亮度低时，显示屏亮度也会相应调低。

3. 距离传感器

距离传感器由一个红外 LED 灯和红外辐射光线探测器构成。距离传感器位于手机的听筒附近，手机靠近耳朵时，系统借助距离传感器知道用户在通电话，然后会关闭显示屏，防止用户因误操作影响通话。距离传感器的工作原理是，红外 LED 灯发出的不可见红外光由附近的物体反射后，被红外辐射光线探测器探测到。

4. 指纹识别

指纹识别刚开始是苹果为了功能差异化和解决数字加密烦琐而设计的方案，但是这个技术被安卓厂商学习后，就增加了不少功能，例如屏幕解锁、手机支付、资料加密、应用登录，等等。

5. 电子罗盘

电子罗盘利用磁阻传感器测量平面地磁场，以便检测磁场强度和方向，主要作用是电子指南针和辅助 GPS 定位。

6. 陀螺仪

陀螺仪能提供精度更高的角度信息。借助陀螺仪，Android 的 Photo Sphere 相机功能可以判断手机在哪个方向上旋转了多少度。Google 的 Sky Map 利用陀螺仪判断手机指向哪个星座。

课后习题 1

一、选择题

1. 目前手机 CPU 的芯片架构主要有（　　）种。

A. 4　　B. 6　　C. 7　　D. 3

2. 智能手机的特点是（　　）。

A. 具备无线接入互联网的能力　　B. 打电话

C. 发短信　　D. 玩游戏

3. 手机的操作系统主要有（　　）。

A. 安卓、iOS 和 WP　　B. 安卓、iSO 和 WP

C. 安卓、S40 和 WP　　D. Windows XP

4. 平板电脑的优点有（　　）。

A. 小巧便于携带　　B. 屏幕大、电池小

C. 办公性能卓越　　D. 不适合娱乐

5. 手机 CPU 芯片厂商高通的主流 CPU 是（　　）。

A. 速龙　　B. 小龙

C. 骁龙　　D. 火龙

二、简答题

1. 什么是智能手机？智能手机的特点是什么？
2. 智能手机的 CPU 芯片架构主要有几种？
3. 什么叫手机系统内存和手机内部存储？

学习单元 2

智能手机的使用

随着现代科技的不断进步，越来越多的人开始使用智能手机，但是如果不会正确地使用，那么将会浪费很多话费，所以说正确地使用智能手机是很重要的。

单元情境

经过一个月的实训，李明对手机以及其他智能设备有了一个大致的认识，接下来就要学习如何使用智能手机。

单元学习概要

在这个单元中，我们主要来学习如何正确地使用智能手机。

单元学习目标

（1）智能手机网络的选择。
（2）iOS 系统的简单操作。
（3）安卓系统的简单操作。

项目 1

通信网络的选择

在使用智能手机之前，必须先对通信网络进行选择，才能实现手机的重要功能——通话和上网。所以需要对通信网络的制式和频段有一个大致的认识。

任务 1 选择运营商和网络

任务描述

李女士目前在美国留学，最近买了一部三星 s6 edge，双曲面很漂亮，而且比国内便宜不少，但是不知道回国后还能不能使用，需要用哪个运营商的网络呢？

任务实施

电信运营商是指提供固定电话、移动电话和互联网接入的通信服务公司。目前中国主要有三大电信运营商，分别是中国移动、中国联通和中国电信（见图 2-1）。而且中国移动运营着有我们国家自主专利的 TD 技术网络，所以我们国家的手机网络制式相当复杂。那么我们就来了解一下通信网络制式。

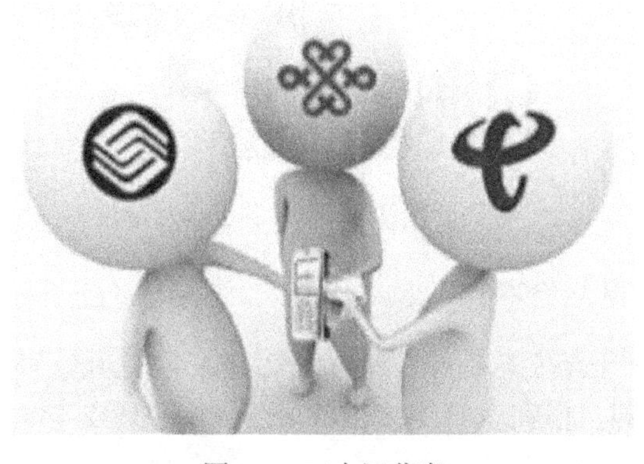

图 2-1　三大运营商

1. 中国移动（China Mobile）

中国移动公布的2013年年度业绩报告显示，其营业收入为6 302亿元，用户总数达7.67亿户。响当当的大哥大，世界最大的运营商，凭借在2G时代的积累和良好的口碑，成为当之无愧的巨无霸。在3G时代，由于缺少芯片支持和网络建设慢等问题，也一度以为会衰落，但是4G时代，工信部给予最好的TDD频段，且有强大的资金支持，芯片也开始大量出货，终端也渐渐丰富起来，所以未来几年，中国移动的地位还是不可撼动（见图2-2）。

2G网络：GSM（band 2/3/8）。

3G网络：TD-SCDMA（band 34/39）。

4G网络：TD-LTE（band 38/39/40/41）。

图2-2　中国移动

2. 中国联通（China Unicom）

截至2013年12月31日，中国联通的营业收入为2950.4亿元，拥有2.84亿用户。2G时代，曾经运营过CDMA网络，但是后来卖给了电信，做起了GSM网络，同样是GSM，和移动相比，体验差距大，用户数量被移动拉得很大，但是在3G，拿到国际通用的WCDMA，以为可以弯道，赶超移动，没想到，终端丰富，但是网络建设滞后，用户体验不好，还是没能赶上来，在4G时代，获得了双4G牌照（见图2-3）。

2G网络：GSM（band 2/3/8）。

3G网络：WCDMA（band 1/3）。

4G网络：TDD-LTE（band 40/41）。

FDD-LTE（band 1/3）。

图2-3　中国联通

3. 中国电信（China Telecom）

中国电信公布2013年年度业绩经营收入为2 841.49亿元，移动用户总量达到1.86亿户。起步最晚，实力最弱，但在宽带连接领域很强大（见图2-4）。

2G网络：CDMA 1x（band 0）。

3G 网络：EVDO/CDMA2000（band rev.A）。
4G 网络：TD-LTE（band 40）。
FDD-LTE（band 1/3）。

图 2-4　中国电信

总结：GSM 是移动和联通的 2G，TD-SCDMA 是移动 3G，WCDMA 是联通 3G，CDMA2000 是中国电信 3G，TDD-LTE 是移动、电信、联通 4G，FDD-LTE 是另外一种世界通用的 4G 标准，也是联通和中国电信会使用的 4G 网络。

李女士所买的手机是三星 s6 edge g925p，经查询此种型号可以支持移动、联通和电信的 2G 及 3G 网络，而 4G 只支持移动的 B41 频段，而移动的 B41 频段在大城市一般都有，所以李女士所买的 s6 edge 可以回国使用，三家运营商的网络都可以，如果想体验 4G 信号，可以选择中国移动的网络。

任务 2　使用 Wi-Fi 和蓝牙

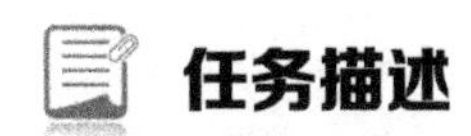

任务描述

如今，互联网带来的便利随处可见：购物找电商，买车票上 12306，挂号有微信、客户端，出门提前叫车，水电煤气费全都能在网上搞定。年轻人享受于这样的科技成果，而众多不太熟悉网络操作的老年人却受制于这样的“便捷”。为此智能体验馆开设了一门移动互联网的基础课程，专门针对老年人，而所有这些的应用和操作的基础就是 Wi-Fi 和蓝牙的使用。

任务实施

Wi-Fi 是一种可以将个人电脑、手持设备（例如 PDA、手机）等终端以无线方式互相连接的技术。Wi-Fi 是一个无线网络通信技术的品牌，由 Wi-Fi 联盟（Wi-Fi Alliance）所持有。目的是改善基于 IEEE 802.11 标准的无线网络产品之间的互通性。现在一般人会把 Wi-Fi 及 IEEE 802.11 混为一谈。甚至把 Wi-Fi 等同于无线网络（见图 2-5）。

蓝牙（Bluetooth）是一种支持设备短距离通信（一般 10m 内）的无线电技术。通过蓝牙，可以摆脱对线缆的依赖，我们可以连接蓝牙耳机，与其他设备交换数据等（见图 2-6）。

图 2-5　Wi-Fi 标志

图 2-6　蓝牙标志

下面让我们来看看 Wi-Fi 如何连接（以安卓系统为例）。

（1）首先在手机里找到“设置”选项，并点击（见图 2-7）。

图 2-7　点选设置

（2）在打开的页面选择“WLAN”（见图 2-8）。

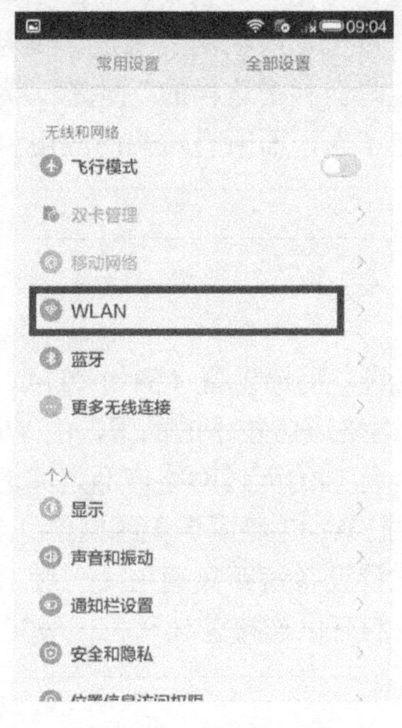

图 2-8　选 WLAN

（3）打开后选择“开启 WLAN”（如果已打开，就忽略此步）（见图 2-9）。

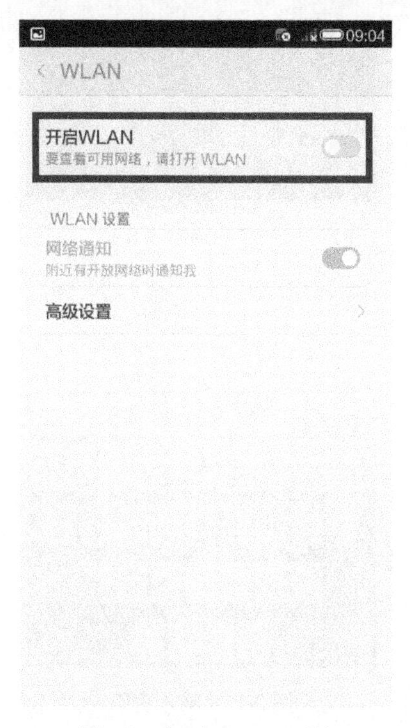

图 2-9　打开 WLAN 开关

（4）在下方的列表中选熟知的 Wi-Fi 名称（比如选 wysb）（见图 2-10）。

图 2-10　选 Wi-Fi

（5）输入该 Wi-Fi 的密码，点击“连接”按钮（见图 2-11）。

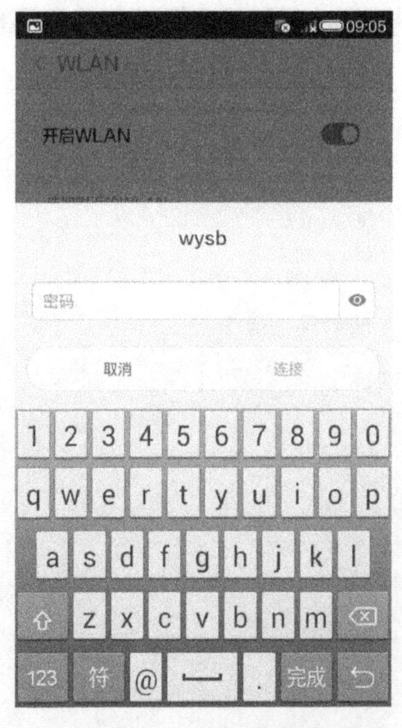

图 2-11　输入密码

至此，Wi-Fi 就连接上了，我们打开浏览器看看效果（见图 2-12）。

图 2-12　上网验证

那么蓝牙该如何连接使用呢？

（1）打开设置，点选“蓝牙”，如图 2-13 所示。

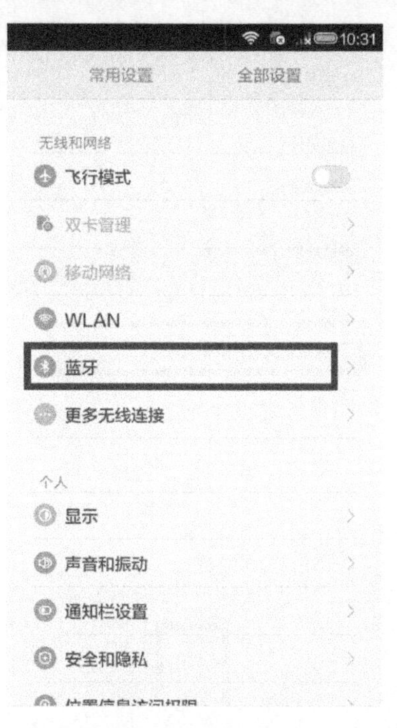

图 2-13　点选“蓝牙”

（2）点选“开启蓝牙”，将开关打开，如图 2-14 所示（如果已打开，就请忽略此步）。

图 2-14　开启蓝牙

（3）先点击下面的搜索设备按钮，此时如果有另一台打开蓝牙的设备，在可用设备处就会出现设备名称，点选它。如图 2-15 所示。

图 2-15　点选可用设备

（4）此时会弹出蓝牙配对请求，并出现配对密钥，点击“配对”（另一台设备上也将出现密钥，两个密钥一样，两个设备同时点击配对），如图 2-16 所示。

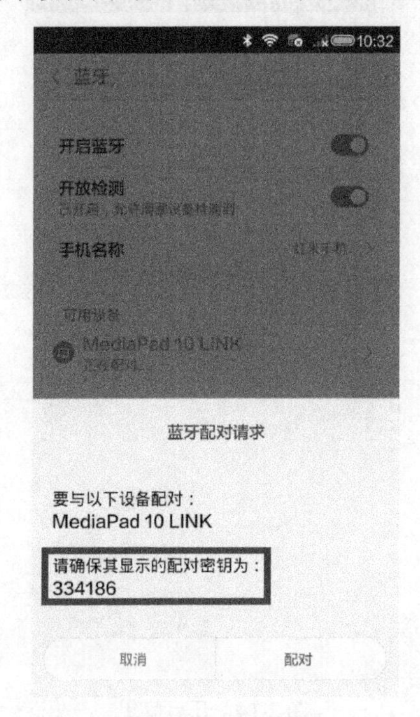

图 2-16　蓝牙配对

（5）此时，配对的设备会出现在“已配对的设备”中，蓝牙设置完成。如图 2-17 所示。

图 2-17　配对完成

（6）在传送文件时，首先找到需要传送的文件或软件，再点选“更多”，如图 2-18 所示。

图 2-18　选中软件

（7）点选“发送”，如图 2-19 所示。

图 2-19　发送

（8）在弹出的页面中点选“蓝牙”，如图 2-20 所示。

图 2-20　点选“蓝牙”

（9）再点选需要传送的设备名称，（同时被传送手机需要点选接受）即可完成传送，如图 2-21 所示。

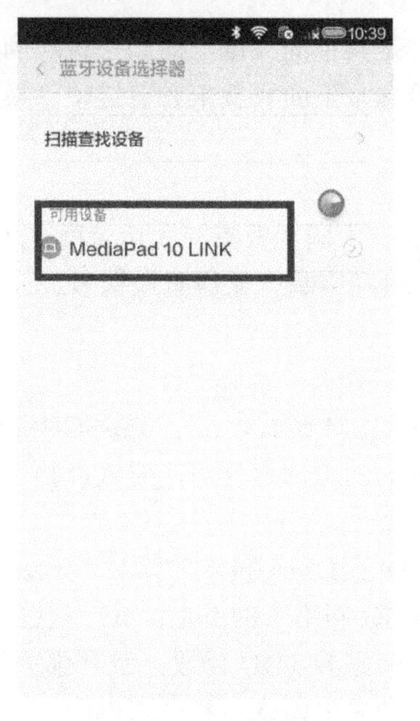

图 2-21　点选设备

（10）我们可以在手机上查看传送进度，如图 2-22 所示。

图 2-22　传送进度

项 目 总 结

手机里面最为基础的功能就是通话，而这个功能的实现就要依赖于手机的“网络”。手机网络制式中“模”和“频”是其中的关键，比如手机厂商在宣传时会打出 5 模 10 频、7 模 18 频，甚至 7 模 20 频的概念，下面我就来看看这个“模”和“频”到底是什么东西。

网络制式——模

“模”就是手机的网络制式，中国主要有三大运营商，而且中国移动采用了由我国自主研发的 TD 技术网络，所以手机网络制式显得更加繁多。

中国移动

中国移动网络制式为 2G：GSM 制式，3G：TD-SCDMA 制式，4G：TD-LTE 制式。

中国移动一直是用户量最大的电信运营商，在 2G 时代曾经相当辉煌。但 3G 时代采用了自主的 TD 技术并且投入较晚。

中国移动似乎也意识到 TD-SCDMA 技术的落后，开始在 4G 时代先下手为强，用同样是自主研发的 TD-LTE 来弥补 3G 网络上的不足。4G 时代的中国移动依靠其深厚的财力疯狂扩张基站数量，工信部给予最好的 TDD 频段，且有强大的资金支持。现在中国移动 4G 网络的覆盖度和成熟度均大幅领先中国联通和中国电信。

中国联通

中国联通网络制式为 2G：GSM 制式，3G：WCDMA 制式，4G：TD-LTE 和 FDD-LTE 混合制式。

中国联通在 2G 时代曾经运营过 CDMA 网络，但后来被电信收购，发展 GSM 网络，在 2G 时代的用户群与移动差距较大。但中国联通在 3G 时代获得了最迅猛的发展，优秀的网络质量为其获得了良好的口碑。在 4G 方面的建设上由于起步较晚，属于紧跟中国移动脚步。在网络方面，中国联通的 2G 网络和中国移动都采用了 GPRS 以及 EDGE 网络，3G 网络制式则为 WCDMA，而在 4G 方面采用 TD-LTE/FDD-LTE 混合组网的双 4G 组合，这也是国际上的主流方案。

中国电信

中国电信网络制式为 2G：CDMA 制式，3G：CDMA2000 制式，4G：TD-LTE 和 FDD-LTE 混合制式。

中国电信在三大运营商中起步最晚，实力最弱，虽然绝对用户数不少，但是手机通信基带对电信的支持向来不尽如人意，导致电信用户在手机终端选择上有诸多局限性。在网络方面，中国电信的 2G 网络使用的是 CDMA1X 网络，在 3G 网络上使用的是 CDMA2000，4G 网络和中国联通相同，都是 TD-LTE 和 FDD-LTE 混合组网方案。

网络制式的承载——频

网络制式的频率是指每种网络频段的不同，国家都划分了几个不同的频段，让它们运行在不同的频段上，互相不干扰。

我们将不同手机网络的模比喻成收音机的不同的台，我们知道收音机的每一个台都对应一个单独的频率，而手机网络不同的模也对应唯一的频率段范围。下面是 2G、3G、4G

所支持的不同频段。

2G 网络：

移动 GSM 850/900/1800/1900（band 2/3/8）
电信 CDMA 1X（band 5）

3G 网络：

联通 WCDMA 2100MHz/1900MHz/850MHz（band 1 / 2 / 5 / 8）
移动 TD-SCDMA 1880～1920MHz/2010～2025MHz（band 34/39）
电信 CDMA2000 1920～1935MHz/2110～2125MHz（bands BC0 / BC1）

4G 网络：

联通电信：FDD-LTE：1800MHz/2600MHz（bands 1 / 3 / 7）
联通电信移动：TD-LTE：1900MHz/2300MHz/2600MHz（band 38/39/40/41）

手机支持频率越多，支持的网络就更多，手机的漫游性就越好。比如中国的 4G 手机，在中国运行在 1900MHz 这个频率上，当手机漫游到美国的时候，可能需要运行在 2200MHz 频率上，到法国又可能需要运行在 1800MHz 这个频率上。所以手机对多种频率的支持显得尤为重要。不然，中国手机出口到国外如果不支持当地的网络制式那就是个很大的问题了。

下面是小米 5 手机所支持的“模”和“频”，如图 2-23 所示。

FDD-LTE (频段 B1，B3，B7)
TD-LTE (频段 B38，B39，B40，B41)
TD-SCDMA (频段 B34，B39)
WCDMA (频段 B1，B2，B5，B8)
GSM (频段 B2，B3，B5，B8)
CDMA1X/EVDO (频段 BC0)

图 2-23 小米 5 的手机频段

iOS 系统

2007 年，苹果发布了第一代 iPhone 手机，从开始被竞争对手嘲笑到后来的纷纷模仿，iPhone 俨然成为业界的领头羊，无论是用户界面、拍照功能还是软件商店，其出色、便捷的体验感受让后来者只能亦步亦趋。

任务 1 iOS 系统的特点

任务描述

苹果的 iPhone 手机和其他手机最大的不同就是搭载了自家的 iOS 操作系统，那么 iOS 系统有什么特点呢？为什么这么多人选择它呢？

任务实施

iOS 是由苹果公司开发的移动操作系统。苹果公司最早于 2007 年 1 月 9 日的 Macworld 大会上公布这个系统，最初是设计给 iPhone 使用的，后来陆续套用到 iPod touch、iPad 及 Apple TV 等产品上。iOS 与苹果的 Mac OS X 操作系统一样，属于类 UNIX 的商业操作系统。原本这个系统名为 iPhone OS，因为 iPad、iPhone、iPod touch 都使用 iPhone OS，所以 2010WWDC 大会上宣布改名为 iOS（iOS 为美国 Cisco 公司网络设备操作系统注册商标，苹果改名已获得 Cisco 公司授权）。

iOS 之所以被这么多人认可是有一定原因的，它的特点主要体现在以下两个方面。

1. 内置应用

（1）Siri

Siri 让你能够利用语音来完成发送信息、安排会议、查看最新比分等更多事务。只要说出你想做的事儿，Siri 就能帮你办到。Siri 可以听懂你说的话、知晓你的心意，甚至还能有所回应。iOS 中的 Siri 拥有新外观、新声音和新功能。它的界面经过重新设计，以淡入视图浮现于任意屏幕画面的最上层。Siri 回答问题的速度更快，还能查询更多信息源，例如维基百科。它可以承担更多任务，例如回电话、播放语音邮件、调节屏幕亮度等。Siri 应用如图 2-24 所示。

图 2-24　Siri 应用

（2）FaceTime

只需轻点一下，你就能使用 iOS 设备通过 WLAN 或 4G 网络与其他人进行视频通话，甚至还可以在 iPhone 或 iPad 上通过蜂窝网络和朋友们进行 FaceTime 通话。虽然远在天涯，感觉却像近在咫尺。iMessage 是一项比手机短信更出色的信息服务，因为有了它，你可以通过 WLAN 网络连接与任何 iOS 设备或 Mac 用户免费收发信息。而且信息数量不受限制。因此可以尽情发送文本信息，还可以发送照片、视频、位置信息和联系人信息。iMessage 包含手机短信服务。FaceTime 应用如图 2-25 所示。

图 2-25　FaceTime 应用

（3）Safari

Safari 是一款极其受欢迎的移动网络浏览器。你不仅可以使用阅读器排除网页上的干扰，还可以保存阅读列表，以便进行离线浏览。iCloud 标签可以跟踪各个设备上已打开的网页，因此上次在一部设备上浏览的内容，可以在另一部设备上从停止的地方继续浏览。

Safari 应用如图 2-26 所示。

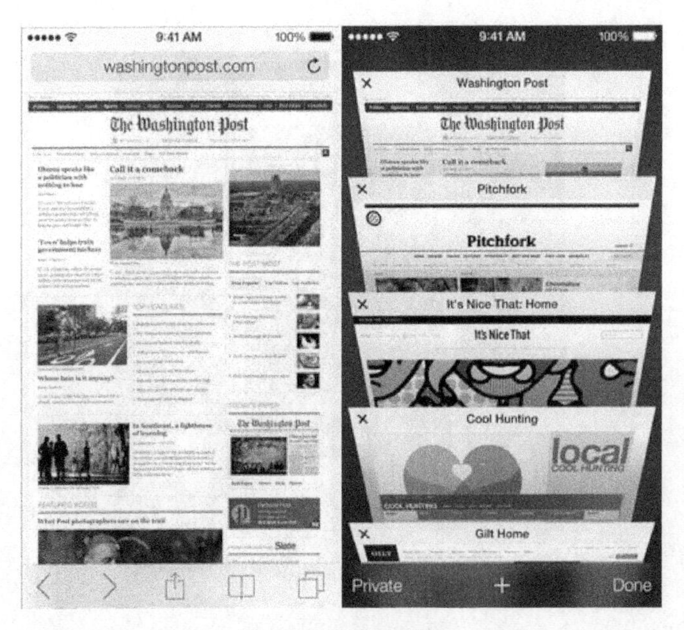

图 2-26　Safari 应用

（4）Game Center

Game Center 让你的社交游戏网络不断地扩展，你还可以加入多人游戏，与不认识的玩儿家一决高下。这是你的游戏世界，其他任何人都可以参与。Game Center 应用如图 2-27 所示。

图 2-27　Game Center 应用

（5）控制中心

控制中心为你建立起快速通路，便于你使用那些随时急需的控制选项和 App。只需从任意屏幕（包括锁定屏幕）向上轻扫，即可切换到飞行模式，打开或关闭无线局域网，调整屏幕亮度等，你甚至还可以使用全新的手电筒进行照明。如此众多的操控，任你一挥而就。你可以打开或关闭飞行模式、无线局域网、蓝牙和勿扰模式，锁定屏幕的方向或调整它的亮度，播放、暂停或跳过一首歌曲，连接支持 AirPlay 的设备，还能快速使用手电筒、定时器、计算器和相机。控制中心应用如图 2-28 所示。

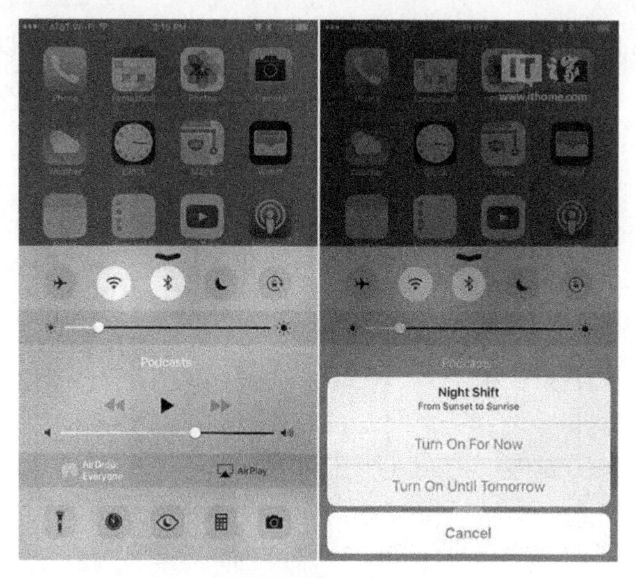

图 2-28 控制中心应用

（6）通知中心

通知中心可让你随时掌握新邮件、未接来电、待办事项和更多信息。一个名为“今天”的新功能可为你总结今日的动态信息，十分便捷。扫一眼你的 iPhone，你就知道今天是否是某人的生日，你是否需要雨伞，或交通状况是否会影响你的上下班出行，你甚至还能收到关于明天的提醒。你可以从任何屏幕（包括锁定屏幕）访问通知中心。只需向下轻扫，即可迅速掌握各类动态信息。“今天”视图让你全面掌握今日需要了解的信息，还能小窥一下明日的情形。有了全新“全部”和“未读通知”视图，你可以查看所有的提醒，或只查看在过去 24 小时内未处理的提醒。

（7）多任务处理

多任务处理始终是在 App 之间切换的捷径。因为 iOS 会了解你喜欢何时使用 App，并在你启动 App 之前更新你的内容。因此，如果你经常在上午 9 点查看最喜爱的社交 App，那么你所关注的相关内容届时将准备就绪，待你随时取用。这就是 iOS 的多任务处理功能，你还没做，它就已经为你想到了。点按两次主屏幕按钮，即可查看已经打开的 App 的预览屏幕。若要退出一款 App，只需向上轻扫，将它移出预览模式即可。iOS 将更新安排在低功耗的时段，比如在你的设备开启并连接无线网络时，这样就不会无端消耗电池。

（8）AirDrop

通过文本信息或电子邮件发送照片或文档，是没问题的。但如果某人就在你旁边，文字信息或电子邮件会突然让人感觉大费周章。进入适用于 iOS 的 AirDrop，它能快速、轻松地共享照片、视频、通信录，以及任何有共享按钮的 App 中的一切。只需轻点共享，然后选择你的共享对象。AirDrop 会使用无线网络和蓝牙搞定其余的事情，不仅无须设置，而且传输经过加密，可严格保障共享内容的安全。通过 AirDrop，你可以与指定的一个人或多个人共享照片或视频。只需轻点“共享”按钮，选择你想要共享的人，剩下的 AirDrop 会帮你完成。运行 iOS 时，通信录中运行 iOS 的联系人，可自动在 AirDrop 中看到你。但你也可以让附近所有 iOS 用户都看到你，或不让任何人看到你。在控制中心轻点一下，一切都搞定。接收人可选择保存你发送的所有内容。在此情形下，内容会被保存到适当的位置：

照片存在照片 App 中，通行证放在 Passbook，联系人信息收入通信录，以此类推。如图 2-29 所示。

图 2-29　AirDrop

（9）查找我的 iPhone、iPad、iPod touch

丢失 iPhone 的感觉糟透了。幸好有“查找我的 iPhone”功能，它能帮你找回 iPhone。但如果难以找回，iOS 中新的安全功能可以增加其他人使用或卖掉你的设备的难度。关闭查找我的 iPhone 或擦除你的设备，都需要你的 Apple ID 和密码。即使设备上的信息已被擦除，查找我的 iPhone 仍能继续显示自定义信息。无论谁想重新激活设备，都需要你的 Apple ID 和密码。也就是说，你的 iPhone 仍然是你的 iPhone，无论它在哪里。“查找我的 iPhone”功能如图 2-30 所示。

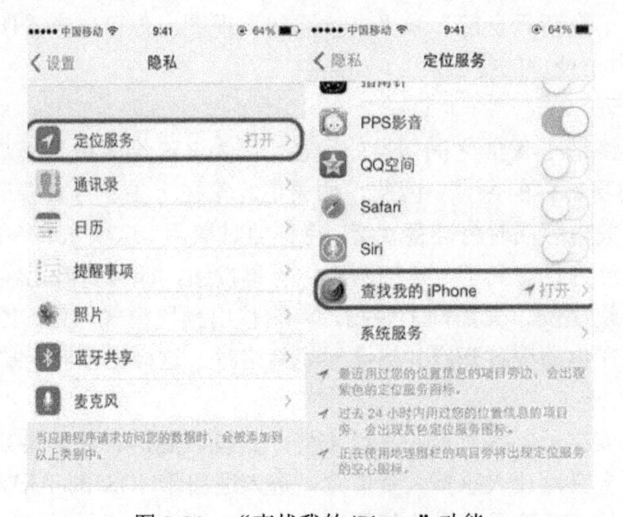

图 2-30　“查找我的 iPhone”功能

（10）App Store

iOS 所拥有的应用程序是所有移动操作系统里面最多的。iOS 平台拥有数量庞大的移动 App，几乎每类 App 都有数千款。而且每款 App 都很出色。这是因为 Apple 为第三方开发者提供了丰富的工具和 API，从而让他们设计的 App 能充分利用每部 iOS 设备蕴含的先进技术。所有 App 都集中在一处，只要使用你的 Apple ID，即可轻松访问、搜索和购买这些 App。App Store 应用如图 2-31 所示。

图 2-31　App Store 应用

（11）iCloud

iCloud 可以存放照片、App、电子邮件、通信录、日历和文档等内容，并以无线方式将它们推送到你所有的设备上。如果你用 iPad 拍摄照片或编辑日历事件，iCloud 能确保这些内容也会出现在你的 Mac、iPhone 和 iPod touch 上，而无须你进行任何操作。iCloud 应用如图 2-32 所示。

图 2-32　iCloud 应用

（12）软件更新

iOS 可以免费更新。有更新发布后，你可以通过无线方式将其下载到 iPhone、iPad 或 iPod touch。设备甚至可以适时提醒你下载最新的版本。因此你不会错过新的更新中的所有精彩功能。

2．设计

（1）安全

从你打开设备的那一刻起，iOS 就能为你提供内置的安全性。iOS 专门设计了低层级的硬件和固件功能，用以防止恶意软件和病毒。同时，还设计有高层级的 OS 功能，有助于在访问个人信息和企业数据时确保安全性。为了保护你的隐私，从日历、通信录、提醒事项和照片获取位置信息的 App 必须先获得你的许可。你可以设置密码锁，以防止有人未经授权访问你的设备，并进行相关的配置，允许设备在多次尝试输入密码失败后删除所有数据。该密码还会为你存储的邮件自动加密和提供保护，并能允许第三方 App 为其存储的数据加密。iOS 支持加密网络通信，它可供 App 用于保护传输过程中的敏感信息。如果你的设备丢失或失窃，可以利用“查找我的 iPhone”功能在地图上定位设备，并远程擦除所有数据。一旦你的 iPhone 失而复得，你还能恢复上一次备份过的全部数据。

（2）多语言

iOS 设备可在世界各地通用。30 多种语言供你挑选，你还可以在各种语言之间轻松切换。由于 iOS 键盘基于软件而设计，因此有 50 多种支持特定语言功能的不同版式供你选择，其中包括字符的变音符和日文关联字符选项。此外，内置词典支持 50 多种语言，VoiceOver 可阅读超过 35 种语言的屏幕内容，语音控制功能可读懂 20 多种语言。

（3）商务使用

全球的企业都开始选用 iOS 设备，因为它具有企业专属功能和高度的安全性。iOS 兼容 Microsoft Exchange 和标准服务器，可发送无线推送的电子邮件、日历和通信录。iOS 在传输、设备内等待和 iTunes 备份三个不同阶段为信息分别加密，确保你的数据安全。你可以安全地通过业界标准 VPN 协议接入私人企业网络，公司也可以使用配置文件轻松地在企业内部署 iPhone。

（4）学习

有了 iOS，iPhone、iPad 和 iPod touch 即可变为出色的学习工具。你可使用日历来追踪所有的课程和活动，提醒事项发出的提醒，帮你准时赴约并参加小组学习，还可利用备忘录 App 随手记下清单内容，或将好想法记下来。借助内置 WLAN 功能在网上进行研究或撰写电子邮件，甚至还可以添加照片或文件附件。使用语音备忘录录制采访、朗读示例、学习指南或课堂讲座。无论是单词定义、练习法语词汇，以及各种应用，都能在 App Store 里找到相应的 App。

正是因为有了便捷的内置应用和人性化的设计理念，让 iOS 为越来越多的人认可并为之买单。

任务 2 iOS 系统的常用操作

任务描述

张大姐的儿子最近给了她一台 iPad mini，以便没事的时候可以看看电影，听听音乐以消遣时间。但是，张大姐第一次使用苹果的设备，不太熟悉，最基本的照片复制也不知如何操作。为此来到智能体验馆寻求帮助。

任务实施

对于初次接触 iPad（iPhone 同理）的人来说，可能不太清楚如何把 iPad 中的照片和视频复制到计算机中去或者把电脑上的照片和视频复制至 iPad 中，其实这是一个很简单的操作，只需要到苹果的官方网站下载 iTunes 即可实现。下面来看具体操作。

1. 如何把 iPad 中的照片和视频复制至计算机

这个问题很好解决，不用任何软件即可实现。

（1）用数据线把 iPad 和计算机相连，这时 iPad 上会提示要信任此电脑吗？的对话框，选择“信任”，如图 2-33 所示。

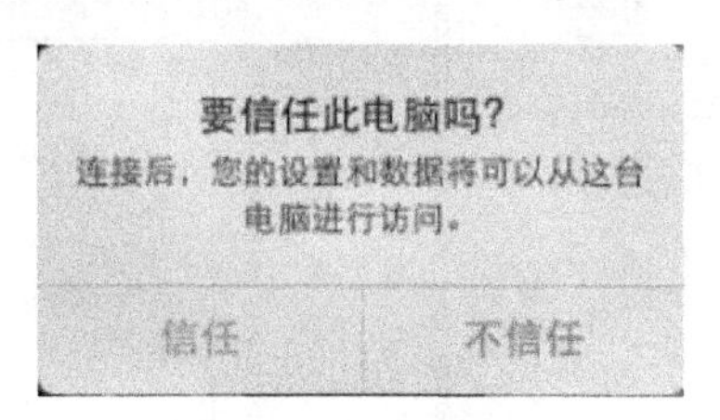

图 2-33　信任电脑

（2）双击打开桌面上的“计算机”图标，在“便携设备”中就会出现 iPad 图标，如图 2-34 所示。

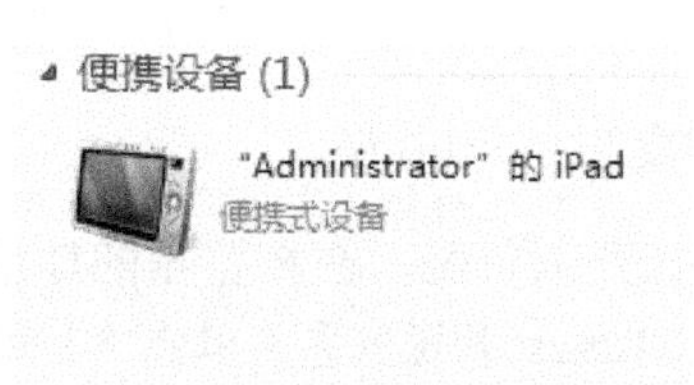

图 2-34　iPad 图标

（3）右击该图标，在弹出的菜单中就会出现“导入图片和视频”选项，如图 2-35 所示。

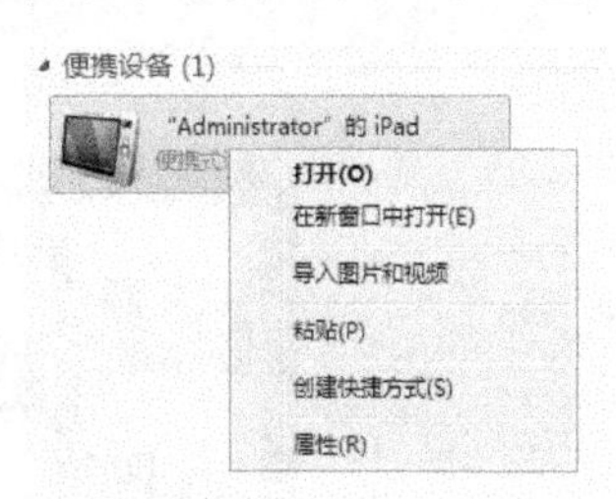

图 2-35　“导入图片和视频”选项

（4）单击“导入图片和视频”，计算机会自动扫描 iPad 上的图片和视频，然后会弹出标记窗口，做好标记后就可以单击“导入”按钮进行导入，如图 2-36 所示。

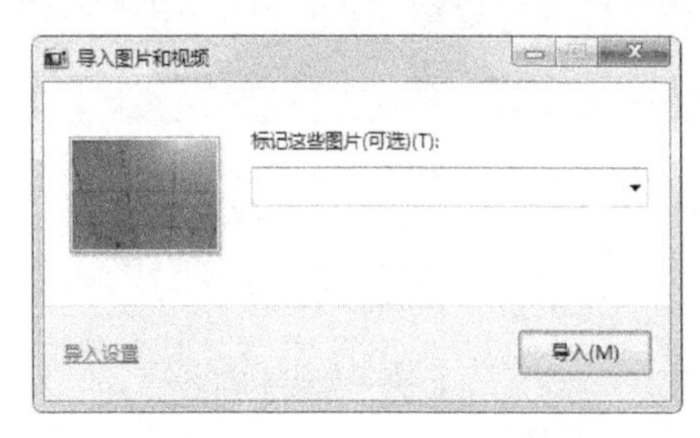

图 2-36　导入图片和视频

（5）也可以对导入位置进行设置，单击上图中的“导入设置”，出现导入图片和视频存放位置设置，默认导入位置为“我的图片”和“我的视频”，如图 2-37 所示。

（6）单击“浏览”按钮，就可以进行导入位置的更改，如图 2-38 所示。

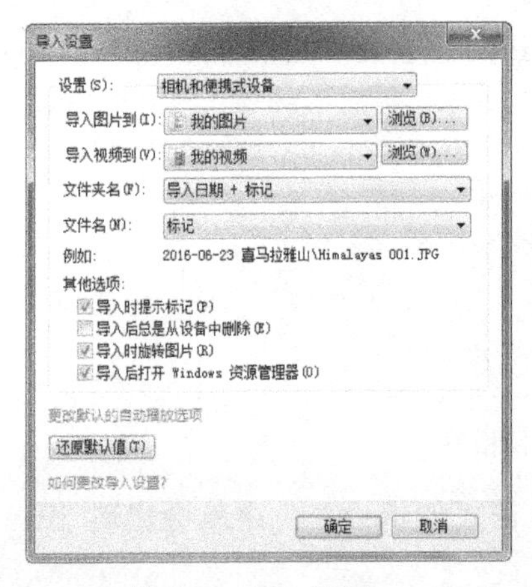

图 2-37　导入设置

图 2-38　更改位置

2. 如何把计算机中的文件复制至 iPad 中

（1）首先要下载 iTunes，打开浏览器，在浏览器的地址栏里输入“https://www.apple.com/cn/itunes/download/”，进入 iTunes 下载页面，单击“立即下载”按钮，如图 2-39 所示。

图 2-39　下载 iTunes

（2）下载完成后，双击该文件进行安装，单击“下一步”按钮，安装界面如图 2-40 所示。

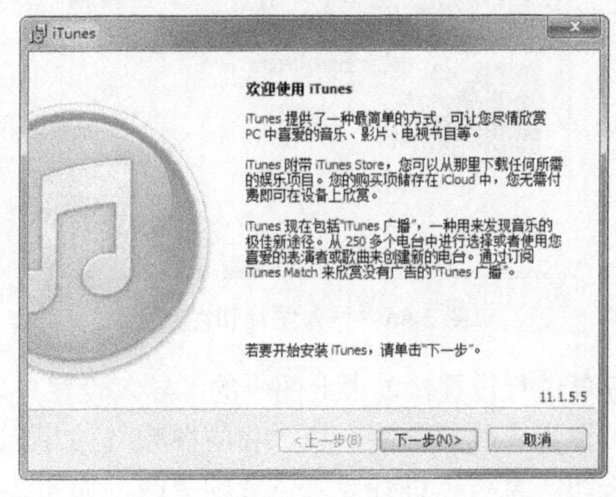

图 2-40　安装界面

（3）选择默认设置即可，单击“安装”按钮，如图 2-41 所示。

图 2-41　“安装选项”界面

（4）出现安装进度条，如图 2-42 所示。

图 2-42　安装进度条

（5）安装完成后，单击“结束”按钮，如图 2-43 所示。

图 2-43　安装完成

（6）双击打开 iTunes，并把 iPad 连接到计算机，在 iTunes 左侧就会出现所连接的 iPad

名称，如图 2-44 所示。

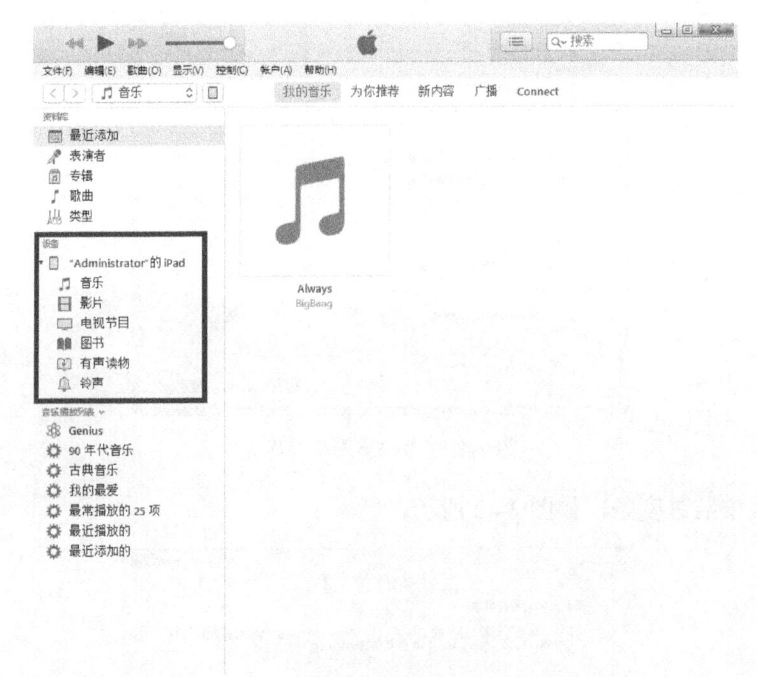

图 2-44　连接设备

（7）需要把文件复制至 iPad 时，只要打开该项用鼠标直接拖动即可。例如要复制一部电影到 iPad，只需要点开“影片”，然后用鼠标直接拖动即可，如图 2-45 所示。

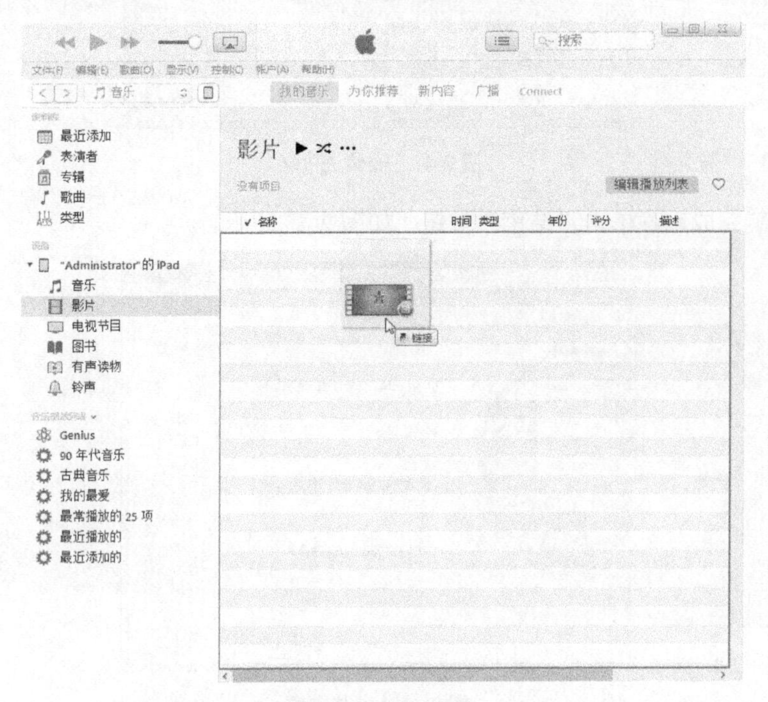

图 2-45　复制电影

（8）接下来，上方会出现复制进程进度条，如图 2-46 所示。

图 2-46　复制进程进度条

（9）进度条走完后就可以在 iPad 上欣赏电影了，点开 iPad 上的视频，里面就会出现刚才复制的电影，如图 2-47 所示。

图 2-47　复制的电影

任务 3　iOS 系统的软件安装

 任务描述

张大姐最近又犯愁了，她想装一个微信以便和儿子通信及视频，但自己一直安装不上，

正好今天没事儿，就来到智能体验馆寻求帮助。

任务实施

苹果设备安装软件只能从苹果的应用商店中安装，所以在这之前，首先要注册一个 Apple ID，Apple ID 是使用苹果设备一个不可缺少的东西，只要注册一个，全部设备通用。下面来看下操作步骤。

1．注册 Apple ID

（1）打开浏览器，在浏览器的地址栏里输入 https://appleid.apple.com/cn，然后打开苹果用户 ID 注册页面，单击上方的“创建您的 Apple ID”，如图 2-48 所示。

图 2-48　创建 Apple ID

（2）在打开的创建用户页面里填入注册的相关信息，其中包括注册名称、密码、姓名、出生日期及三个安全提示问题，如图 2-49 和图 2-50 所示。这里需要注意，注册名必须是一个注册过的邮箱，以便接受微软发送的验证码，完成注册。

图 2-49　注册信息 1

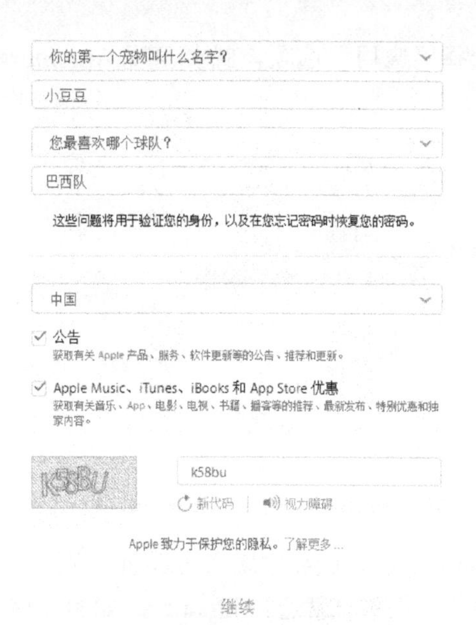

图 2-50　注册信息 2

（3）信息全部填好后，填入验证码，点击“继续”按钮。微软会给注册的邮箱发送一个含有验证码的邮件，这时需要在邮箱中打开此邮件并填好，如图 2-51 所示。

图 2-51　填入验证码

（4）点击“验证”按钮，如果验证码正确，就会完成注册。

2. 下载并安装应用

（1）用数据线把 iPad 和计算机连接好，打开 iTunes，在菜单栏中找到“账户”，点开之后，单击“登录”按钮，输入刚才注册的 Apple ID，如图 2-52 所示。

图 2-52　登录到 iTunes

（2）然后在左上方选择“应用”选项，就会出现 App Store（苹果的应用商店）。如图 2-53 所示。

图 2-53　选择“应用”选项

（3）单击上方的“App Store”，就会出现商店页面，在上方选择“iPad”，下面就会出现适合 iPad 的应用（如果是苹果手机就选择 iPhone），如图 2-54 所示。

图 2-54　选择 iPad

（4）按张大姐的要求，在商店找到微信，然后单击“获取”按钮，进行下载并安装，如图 2-55 所示。

图 2-55　下载微信

除此之外，还可以在 iPad 的 App Store 上登录，直接下载，方法类似。

任务 4 用第三方软件管理 iOS 系统

除了可以使用官方软件 iTunes 外，还可以使用第三方软件管理 iOS 系统的常用操作以及软件安装。如 PP 助手、91 助手、爱思助手等。下面就以 PP 助手为例进行说明。

1. 下载并安装 PP 助手

（1）首先在浏览器中输入 http://pro.25pp.com/，打开 PP 助手的官方网址，下载 PP 助手，如图 2-56 所示。

图 2-56 下载 PP 助手

（2）下载并安装好 PP 助手以后，打开 PP 助手，此时把 iPad 用数据线连接计算机，稍等片刻即可看见 iPad 的信息。如图 2-57 所示。

图 2-57 PP 助手

2. 常用操作

（1）利用 PP 助手可以很方便地管理 iPad，如导入视频时，只需打开左侧的“视频音乐”，再单击“视频”，然后单击上方的“导入”，如图 2-58 所示。

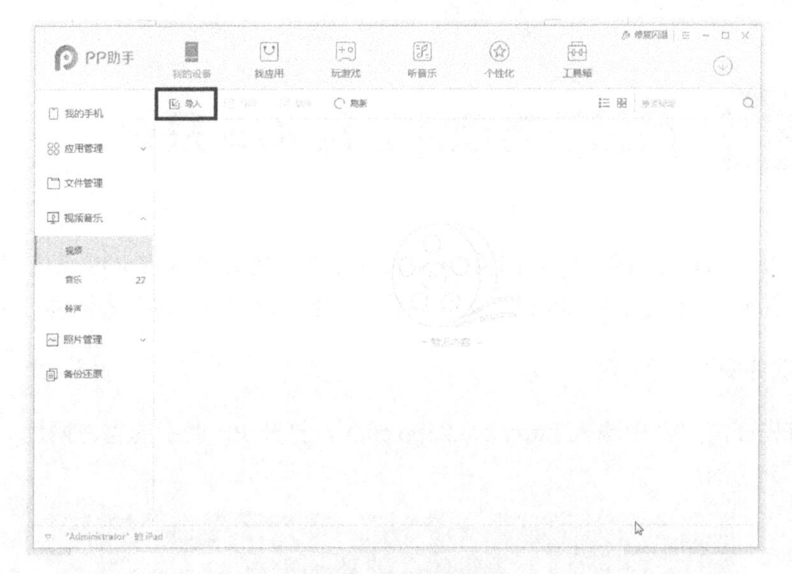

图 2-58　导入视频

（2）在弹出的窗口中，先选中需要导入的视频文件，然后单击“打开”按钮，如图 2-59 所示。

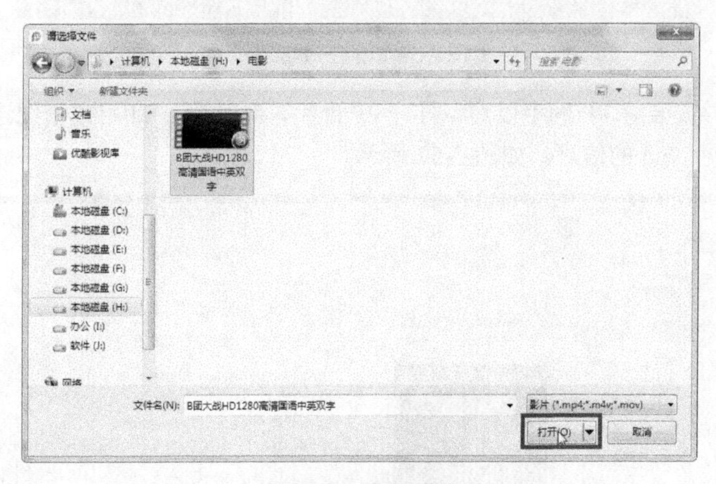

图 2-59　选中视频

（3）弹出进度条，等待完成，如图 2-60 所示。

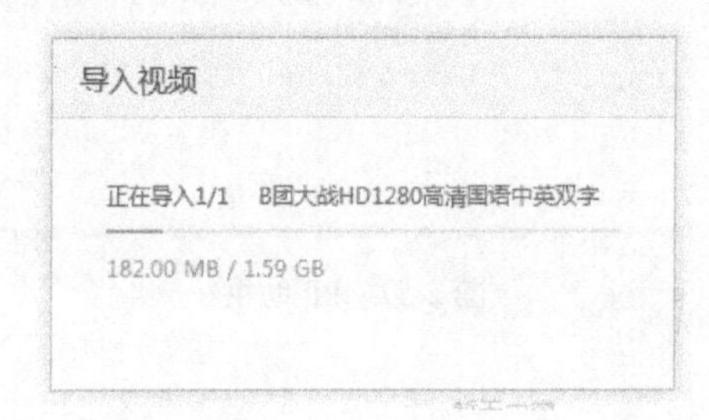

图 2-60　进度条

（4）如果需要把 iPad 上的视频复制到计算机，只需要选中该视频，选择“导出”，如图 2-61 所示。

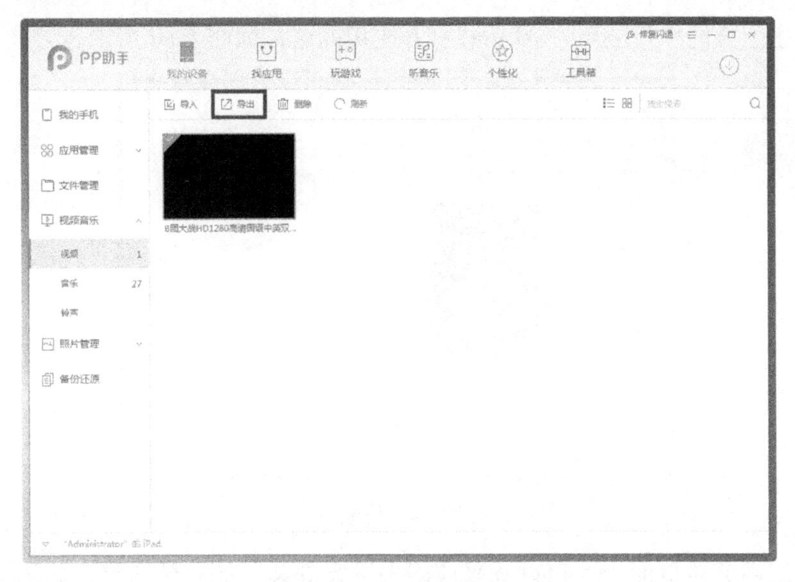

图 2-61 导出视频

（5）弹出保存窗口，在其中选择一个文件夹保存视频文件，如图 2-62 所示。

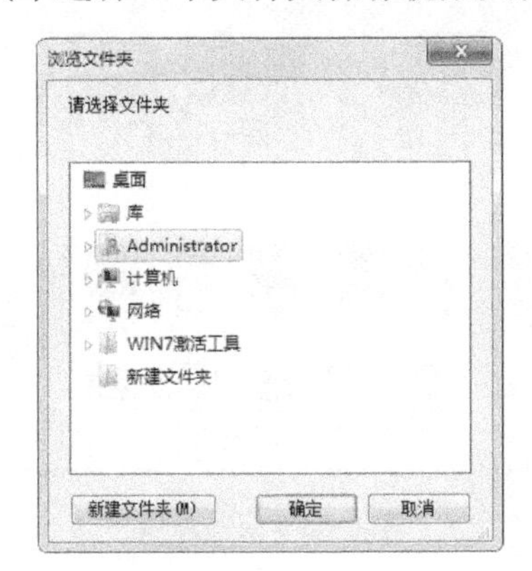

图 2-62 保存设置

（6）选择好以后，单击“确定”按钮，弹出导出视频进度条，并等待完成，如图 2-63 所示。

图 2-63 导出视频进度条

导入/导出其他的照片或音乐的操作步骤与此类似，此处不再赘述。

3. 安装软件

（1）单击上方的“找应用”，就可以打开应用商店，如图 2-64 所示。

图 2-64　找应用

（2）在应用商店页面上，可以选择应用来进行安装，如安装微信，如图 2-65 所示。

图 2-65　应用商店

（3）单击“微信”，再单击“立即安装”，如图 2-66 所示。

图 2-66　安装微信

（4）软件正在下载，下载完以后，软件会自动安装，如图 2-67 所示。

图 2-67 下载中

第三方管理软件不仅可以方便地对 iPad 或 iPhone 进行文件互传、软件安装等操作，还可以对 iPad 或 iPhone 进行个性化设置，如设置个性的壁纸和好听的铃声，如图 2-68 所示。

图 2-68 个性化设置

除此之外，在工具箱中还有诸如“垃圾清理”“实时桌面”“固件下载”“视频转换”，甚至越狱助手等工具，如图 2-69 所示。

图 2-69 工具箱

项 目 总 结

在本项目中，主要讲述了三个问题：iOS 系统的特点、常用操作和软件安装。

iOS 系统的优点如下。

（1）系统流畅不卡顿

iOS 无论是桌面滑动、App 的内部操作，屏幕与指尖都似乎带有“黏性”一般，这就使手指触控到哪里，屏幕就会马上指向哪里。

（2）iOS 系统的软件 App 大多优先升级

软件的升级可以为我们带来额外的功能体验，比如微信，苹果 iOS 系统优先升级并推出了朋友圈的“小视频”功能。

（3）安全机制强大

自从 iOS7 系统之后，苹果增加了安全保护机制，即如果进行二次刷机或强行开启手机的锁屏密码，必须输入原有的 Apple ID 的密码进行解锁才行。

（4）功耗控制得当，更省电

iOS 系统采用独立唤醒技术，以及为处理器量身定制的芯片，在待机时更省电，使用时的耗电详情呈“线性”趋势。

（5）综合实力最好的影像系统

目前搭载 iOS 系统的设备最高规格的摄像头为 800 万像素，但即便是这样，凭借 iOS 系统的精心优化，它仍是目前智能手机中综合体验最好的手机之一（包括对焦速度、成像速度、成片速度、成片率、多场景拍照等）。

项目 3

安卓系统

Android 是一种基于 Linux 的自由及开放源代码的操作系统，主要使用于移动设备，例如智能手机和平板电脑，由 Google 公司和开放手机联盟领导及开发。2011 年第一季度，Android 在全球的市场份额首次超过塞班系统，跃居全球第一。目前在所有的智能设备中，采用最多的系统是 Android，从几百元的入门机到几千元的旗舰机都有涉及，目前全世界采用这款系统的设备数量已经超过 10 亿台。

任务 1 安卓系统的特点

任务描述

现在 Android 已经成为市场占有率最高的移动操作系统，人们对它是又爱又恨，那么 Android 系统有什么优点和缺点呢？

任务实施

Android 一词的本义指“机器人”，同时也是 Google 于 2007 年 11 月 5 日宣布的基于 Linux 平台的开源手机操作系统的名称，该平台由操作系统、中间件、用户界面和应用软件组成。如图 2-70 所示为安卓系统标识。

下面来认识一下 Android 的优点和缺点。

图 2-70 Android

1. 优点

（1）开放性

在优势方面，Android 平台首先就是其开放性，开放的平台允许任何移动终端厂商加入到 Android 联盟中来。显著的开放性可以使其拥有更多的开发者，随着用户的增长和应用的日益丰富，一个崭新的平台也将很快走向成熟。

开放性对于 Android 的发展而言，有利于积累人气，这里的人气包括消费者和厂商。

而对于消费者来讲，最大的受益正是丰富的软件资源。开放的平台也会带来更大竞争，如此一来，消费者将可以用更低的价位购得心仪的手机。

（2）丰富的硬件

这一点还是与 Android 平台的开放性相关，由于 Android 的开放性，众多的厂商会推出千奇百怪、功能特色各具的多种产品。功能上的差异和特色，却不会影响到数据同步、甚至软件的兼容，如同从诺基亚 Symbian 风格手机一下子改用苹果 iPhone，同时还可将 Symbian 中优秀的软件带到 iPhone 上使用，联系人等资料更是可以方便地转移。

（3）方便开发

Android 平台提供给第三方开发商一个十分宽泛、自由的环境，不会受到各种条条框框的阻挠，可想而知，会有多少新颖别致的软件诞生。但也有其两面性，如何控制血腥、暴力、色情方面的程序和游戏的传播正是留给 Android 的难题之一。

（4）Google 应用

在互联网的 Google 已经走过 10 年的历史，从搜索巨人到全面的互联网渗透，Google 服务，如地图、邮件、搜索等，已经成为连接用户和互联网的重要纽带，而 Android 平台手机将无缝结合这些优秀的 Google 服务。

2. 缺点

Android 的缺点一方面是因为系统由各个 OEM 厂商负责升级而产生的版本上的碎片化，另一方面由于过度自由化而产生的安全问题，很典型的就是由国内山寨厂商和山寨应用而带来的一系列的安全问题。

安卓高度依赖硬件，导致要发挥安卓的性能就必须搭载很好的硬件，同时兼容性也有待提高，还有很多细节上的不足，如死机重启等情况也经常发生。这曾是安卓被人诟病最多的问题，不过最新的安卓系统已经对以往的不足进行优化了。

任务 2 安卓系统的常用操作

任务描述

李阿姨最近因工作需要买了一部小米手机，由于第一次使用智能手机，一些操作不太熟悉，特来智能体验馆寻求帮助。

任务实施

随着日常生活工作需要，手机和计算机之间的数据传输越发频繁，那么手机怎么才能快捷地连接计算机传输文件？下面以小米手机为例进行说明。

1. 用数据线传输文件

通过用数据线传输文件最稳定，且传输速度快。

（1）打开小米手机的“设置”，进入设置界面，从中找到“开发者选项”（如果找不到开发者选项这个栏目，可以到“设置”页面，选择“关于手机”，进入界面之后，连续点击五次“MIUI 版本”选项，即可激活开发者模式）。如图 2-71 所示。

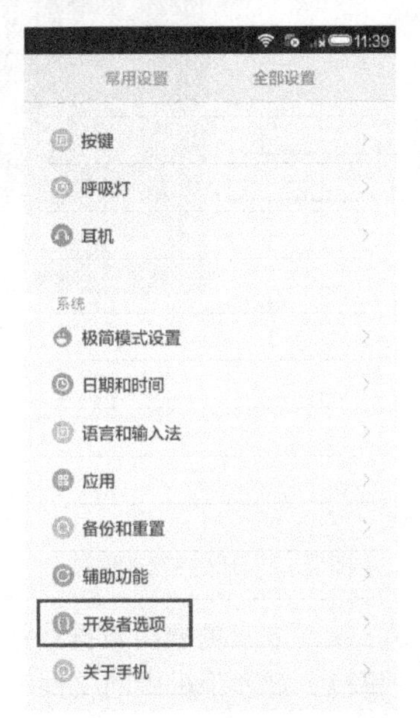

图 2-71　开发者选项

（2）点击开启“开发者选项”，在弹出的“允许开发设置”页面上，点击“确定”按钮，如图 2-72 所示。

图 2-72　开启开发者选项

（3）在下拉菜单中找到“USB 调试”选项，点开，并在弹出的“是否允许 USB 调试”的页面上点击“确定”按钮，如图 2-73 所示。

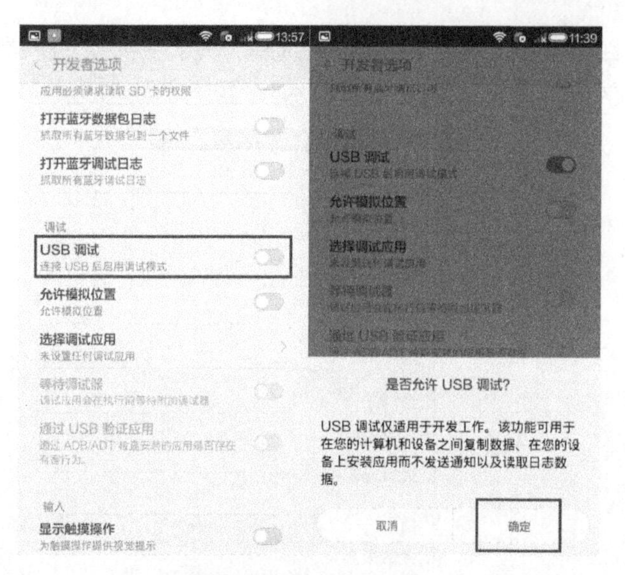

图 2-73　开启 USB 调试

（4）手机上的设置就完成后，接下来只需要用数据线把手机和计算机连接好，等计算机自动连接成功后，就可以在计算机上管理手机中的文件了，如图 2-74 所示。

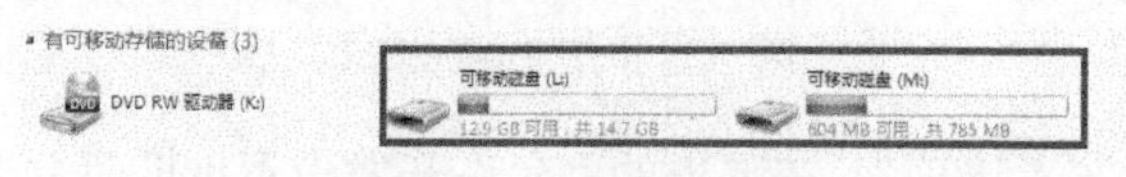

图 2-74　管理手机文件

2. 无线文件传输

（1）首先在桌面上找到“文件管理”，在打开的页面中，点击下方的“远程管理”。如图 2-75 所示。

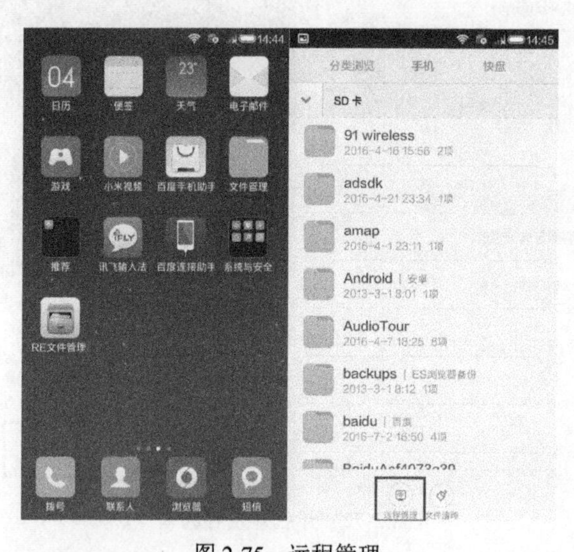

图 2-75　远程管理

（2）在“远程管理”的界面上，点击“启动服务”，并记下 ftp 地址，稍后需要在计算机上输入，如图 2-76 所示。

图 2-76 启动服务

（3）打开“计算机”，在地址栏中输入刚才手机上的 ftp 地址，如图 2-77 所示。

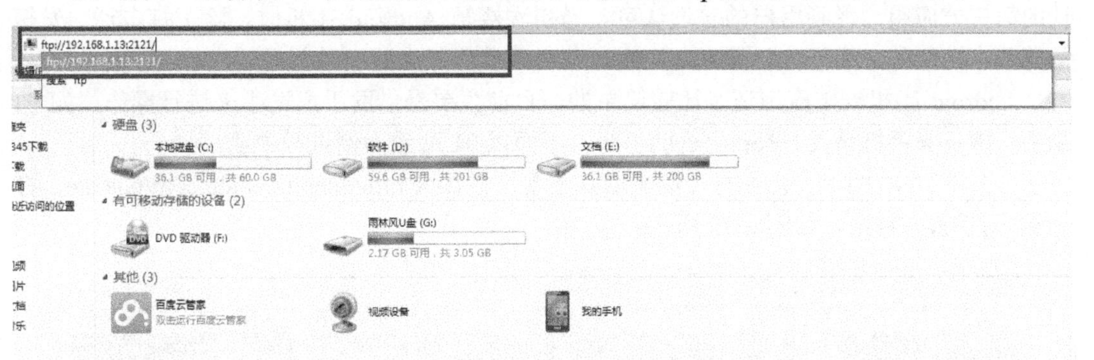

图 2-77 输入 ftp 地址

（4）在随后出现的页面中出现两个文件夹，这些就是手机里的文件。只需要“复制”和“粘贴”即可进行文件传输，如图 2-78 所示。

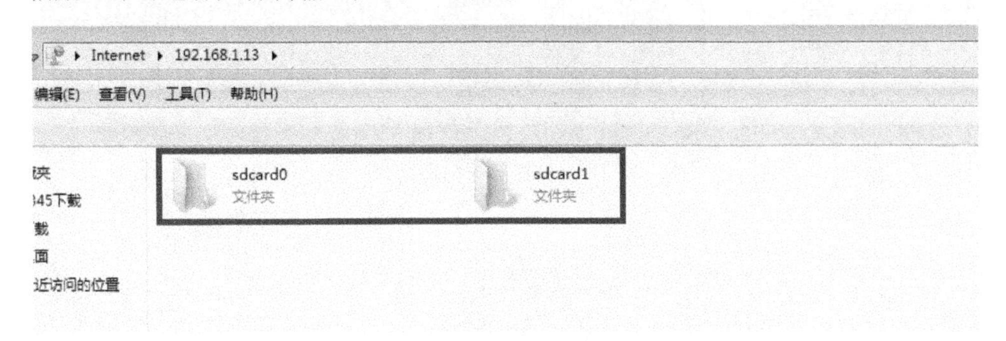

图 2-78 手机中的文件

需要注意的是这种方法只适用于计算机和手机在同一个网络的情况。

任务3 安卓系统的软件安装

任务描述

李阿姨学会了手机和计算机的文件互传，很高兴。最近单位的人都在使用微信进行聊天，单位的通知也会通过微信下发。李阿姨也想用微信，但苦于不会安装，来智能体验馆寻求帮助。

任务实施

相比非智能手机，智能手机最大的特点在于便捷的操作系统和丰富的第三方应用。而这些年发展最快的手机操作系统莫过于 Android，Android 系统以便捷的操作体验和数以万计的第三方应用，受到用户的普遍认可。当初次接触 Android 手机时，除了打电话、发短信等基本功能外，要想体验第三方应用，就会涉及“怎么装”的问题。

Android 手机安装应用还是比较简单的，目前主要是借助手机助手来进行操作。如 91 助手、豌豆荚手机精灵、360 手机助手等。下面以 91 助手为例进行说明。

（1）下载 91 助手。首先打开浏览器，在地址栏输入 http://shouji.baidu.com/bdsuite，打开 91 助手官方网站，如图 2-79 所示。

图 2-79　91 助手官方网站

（2）单击“安装 91 助手 PC 版”，开始下载 91 助手。下载完成后，双击进行安装。如图 2-80 所示。

图 2-80　安装 91 助手

（3）单击“快速安装”按钮，进行安装操作，并出现安装进度，如图 2-81 所示。

图 2-81　安装进度

（4）进度条到 100%后，安装完成。双击打开“91 助手”，弹出主界面，如图 2-82 所示。

图 2-82　“91 助手”主界面

（5）用手机数据线连接手机和计算机，此时计算机屏幕会提示安装手机驱动程序和 91 连接助手，安装完成之后手机助手就会识别到手机，如图 2-83 所示。

图 2-83　识别手机

（6）下面开始安装“微信”，单击上方的“淘应用”，打开应用市场界面，如图 2-84 所示。

图 2-84　应用市场界面

（7）依次单击“分类”→“聊天社交”就可以找到“微信”应用软件，如图 2-85 所示。

图 2-85　找到“微信”应用软件

（8）单击“微信”，打开详情，单击右方的“安装”，开始把微信安装到手机，如图 2-86 所示。

图 2-86 安装微信

（9）此时会弹出“设置安装位置”的对话框，可以选择微信安装在手机中的位置。一般我们选择“智能选择安装位置”选项，单击“确定”按钮。如图 2-87 所示。

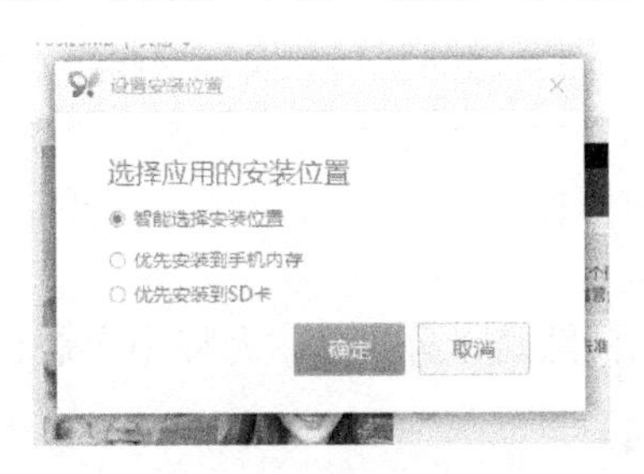

图 2-87 选择安装位置

（10）接下来计算机就会把微信安装至手机中，手机中会出现“微信”的图标，如图 2-88 所示。

图 2-88 微信安装成功

项 目 总 结

在本项目中，主要讲述了三个问题：安卓系统的特点、常用操作和软件安装。

安卓系统最大的优点就是系统高度开源，同时安卓系统还有一些 iOS 不具备的优点。

1．个性化的主界面

在系统的主界面中，iOS 8 虽然维持了一贯的扁平化设计风格，在图标整体性上十分强，也显得十分美观，但是主界面依然是不允许定制的，也不允许用户添加个性化的插件。

而在新推出的 Android 5.0 中，界面和图标变得更加好看，全新的 Material Design 也令人眼前一亮，也一样支持用户添加个性化插件和桌面启动器。

2．丰富的通知栏

在 iOS 7 之前，iOS 系统并没有通知栏的设计，想要通知栏的用户只能够通过越狱的手段来获得。在 iOS 7 和 8 之后，苹果开始为 iOS 添加了通知栏和快捷工具的设计，逐渐变得更加易用，不过其通知栏和快捷工具功能较为单一，可定制性比较低，因此其功能还是不能和 Android 相比。

而 Android 的通知栏功能依然是十分丰富，允许用户进行自由定制，使用起来更方便。

3．更优秀的程序使用方式

iOS 的程序无疑是十分优秀的，但在使用和管理方式上依然和 Android 存在差别。在 iOS 8 中开发了更多的 API 给其他应用程序使用，但是其支持度仍不高。而 Android 可以让用户更自由地选择所使用的默认程序，例如点击图片美化，可以自由选择用户安装的第三方美图软件，显得十分方便。

另一方面，Android 可以更自由地清除应用数据缓存，查看应用所占的内存情况等，这些在 iOS 8 中依然是较为欠缺的。

4．快捷的数据转移

数据转移是很多用户比较在意的一点。在新的 iOS 8 上，用户想要将手机的数据转移到电脑，只能够通过 iTunes 或者第三方管理软件来实现，在操作步骤上要更加烦琐一些。而 Android 的手机只需要连上数据线，便能够自由进行操作，便利性是更胜一筹。

比较有趣的是，之前采用 iOS 操作方式的 WP 系统，在 WP8 之后，也支持手机直插 U 盘功能了，可见 iOS 在这个方面依然是没有做出改变。

5．多种多样的备份方式

在手机系统、数据备份方面，iOS 只支持 iCloud 和 iTunes 两种备份方式备份，虽然备份的数据都十分全面和完整，但是需要用户去学习使用，而且方式较为单一。

反观 Android 系统中，用户可以通过各种各样的手机管理、电脑端软件来对手机进行数据备份，可以让用户有更多的选择，也方便了用户对手机进行备份管理。

6．方便快捷应用安装

在安装应用的时候，Android 手机可以通过 Google Play 官方商店进行下载安装，也可以通过第三方应用商店进行安装，还支持手机端和电脑端安装软件，只要安装时注意软件的来源和权限，一般都不会有什么问题，用起来也是比较方便。

iOS 设备则必须借助于 iTunes 应用商店，不管是移动端还是桌面端，App Store 是唯一的途径。

7. 蓝牙、NFC 支持传输数据

在新的 iPhone 6/6 Plus 搭载的 iOS 8 系统中，加入了 NFC 功能的支持，iPhone 也终于拥有了 NFC，但是此功能只能用于 Apple Pay 上，并不支持传输数据。新的 iOS 8 的蓝牙也是一如既往地封闭，仅支持连接设备，不支持数据传输。

但是 Android 用户很久之前就已经在体验蓝牙和 NFC 传输数据的功能了。

8. 更完善的使用细节

在使用细节方面，iOS 和 Android 也是存在差距。比如在 iOS 8 中，通信录联系人不支持归属地功能（陌生联系人支持），不能批量删除联系人，非相机相册不能删除相片，等等。

这些使用细节在 Android 系统中已经十分完备了，iOS 系统还是相对落后于 Android。

9. 内存卡扩展

iPhone 经过多年发展，一直都采用不可扩展内存卡设计，这个设计不能说是好是坏，但是剥夺了用户扩展手机内存的自由。对于新的 iOS 8 系统，16GB 的 iPhone 容量用起来已经是捉襟见肘了，更不要说 8GB 版本的 iPhone。如果 iPhone 支持内存卡扩展的话，相信会更受用户欢迎。

Android 手机从出现开始，就一直支持内存卡功能，给用户带来更自由的选择，不必为容量不足而担忧。

10. 双卡双待

双卡双待在 iPhone 产品上从来都没有出现过，而 Android 随着自身的不断完善和满足用户的需求的同时，各个厂商都推出了支持双卡双待功能的手机，其体验是十分优秀的。因为现在有很多用户手上都有两张以上 SIM 卡，支持双卡双待的手机能够很好地解决了用户出门要带两部手机的麻烦，而新 iPhone 6/6 Plus 体积现在变大了，携带两部手机出门就更不方便了。

安卓手机的常用操作和各种应用的安装都可以通过一些第三方软件来实现，比如 91 手机助手、豌豆荚手机助手、360 手机助手等。

课后习题 2

一、简答题

1. 目前国内的电信运营商主要有哪些？

2．简述我国 2G、3G 和 4G 支持的频段。

3．简述 iOS 系统的优点？

4．安卓系统的优点和缺点各是什么？

二、选择题

1．中国移动的网络制式是（　　）

A．2G：GSM 制式　3G：TD-SCDMA 制式　4G：TD-LTE 制式

B．2G：GSM 制式　3G：WCDMA 制式　4G：TD-LTE 和 FDD-LTE

C．2G：CDMA 制式　3G：CDMA 2000 制式　4G：TD-LTE 和 FDD-LTE 混合制式

D．2G：CDMA 制式　3G：WCDMA 制式　4G：TD-LTE 和 FDD-LTE 混合制式

2．iOS 系统的优点有哪些?（　　）

A．系统流畅不卡顿　　B．不安全

C．功耗控制得当，更省电　　D．安全机制强大

3．安卓系统的优点有哪些?（　　）

A．开放性　　B．丰富的硬件

C．开发困难　　D．Google 应用

三、实操题

1．在 iOS 系统中下载并安装 QQ。

2．把 iPhone 中的照片导入计算机。

3．在安卓手机中下载并安装微信。

学习单元 3

移动终端的应用

随着使用智能手机人数的增多，智能手机上的应用也呈现出爆炸式的发展。越来越多方便、易用的应用的出现，让我们的生活、工作和学习变得无比便捷。

单元情境

李阿姨自从用上智能手机之后就一发不可收拾，先是自学了智能手机的基本操作，后来发现手机的各种应用很多并且都和生活息息相关，就决定定期来智能生活体验馆学习手机应用。

单元学习概要

在这个单元中，我们主要学习如何使用各种智能手机。

单元学习目标

（1）学会使用手机登录网站。
（2）学会使用手机扫描二维码。
（3）学会使用手机进行便捷支付。
（4）学会使用各种主流应用 App。

项目 1

移动终端的典型应用

智能手机的应用数量和品种繁多，但总有那么几种是最基础、最典型的应用，就和盖房子都要先打地基一样。

任务 1 微网站浏览

任务描述

李阿姨首先要学的就是用手机访问网站。互联网已经和我们的生活分不开了，有什么不懂的问题，只要上网搜一搜一般都能找到答案。平时李阿姨最喜欢在网上看新闻，如果学会用手机上网，就可以随时随地看新闻了。

任务实施

手机等移动终端浏览的网站和我们在电脑上浏览的网站不同，属于微网站。微网站源于 WebApp 和网站的融合创新，兼容 iOS、Android、WP 等各大操作系统，可以方便地与微信、微博等应用的链接。

下面我们就来学习一下使用手机如何访问微网站，以搜狐网为例。

（1）在手机访问微网站之前，手机要有一个“浏览器”的应用，一般手机都会自带，如图 3-1 所示。

（2）打开“浏览器”，弹出“浏览器”的界面，如图 3-2 所示。

图 3-1　手机自带软件

图 3-2 浏览器界面

（3）在上方的地址栏中输入“m.sohu.com”，就可以打开搜狐的微网站。当然在下方的百度搜索框中直接输入“搜狐”也可以转到搜狐的微网站，如图 3-3 和图 3-4 所示。

图 3-3 打开搜狐微网站 1

图 3-4 打开搜狐微网站 2

这样，我们就打开了搜狐的微网站，打开其他的微网站也是同样的操作方法。

任务 2 扫描二维码

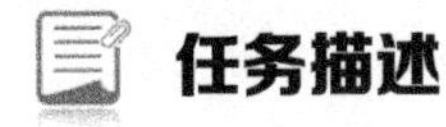

任务描述

不知道从什么时候开始，生活中出现了大量二维码，商家做活动扫二维码送礼品，支付用二维码，加别人微信也用二维码，可以说二维码已经影响了我们生活的方方面面。那么该如何用手机扫描二维码呢？

任务实施

二维条码是用某种特定的几何图形按一定的规律在平面（二维方向上）分布的黑白相间的图形记录数据符号信息的。说白了就是把我们要传递的信息全部压缩到一个图形中。

那么二维码该如何扫描呢？这里以我们学校的二维码为例，如图 3-5 所示。

（1）扫描二维码前需要搜集安装扫描二维码的应用。目前很多应用都已经集成了扫描二维码的功能，不需要单独下载，比如微信、QQ 浏览器等，这里以大家常用的微信为例进行说明。我们打开微信，点开右上方的“＋”，弹出“扫一扫”，如图 3-6 所示。

图 3-5　二维码

图 3-6　打开“扫一扫”

（2）点击“扫一扫”，会弹出扫描窗口，我们只需将中间的扫描框对准需要扫描的二维码即可，如图 3-7 所示。

图 3-7　扫描二维码

（3）稍等片刻，就能出现扫描结果，如图 3-8 所示。

图 3-8　扫描结果

这样二维码的内容就显现出来了，其他的二维码扫描软件都是类似的操作，比较简单。最后提醒一下读者，二维码目前存在支付安全漏洞，不法分子通过在二维码中植入病毒，当消费者在购物扫描二维码时，病毒就扎根在手机中，不管手机发什么信息都可以被拦截，包括身份证号码、验证码等。对一些来路不明的二维码不要贸然去扫。

任务 3　移动商务和移动支付

任务描述

李阿姨今天去逛超市，结账时发现很多窗口都张贴有“支付宝支付最高返利 50%”的字样，经询问得知支付宝这阵子在做活动，买东西都可以返利，最高 50%。李阿姨心动了，决定来学习一下如何使用支付宝。

任务实施

移动商务是指对通过移动通信网络进行数据传输，并且利用手机、Pad 等移动终端开展各种商业经营活动的一种新电子商务模式。移动支付是指用户使用手机等移动终端，对所消费的商品或服务进行账务支付的一种支付方式。

移动支付主要包括远程支付和近场支付。远程支付是指通过移动网络，利用短信、GPRS 等空中接口和后台支付系统建立连接，实现各种转账、消费等支付功能的支付方式。近场支付是指通过具有近距离无线通信技术的移动终端实现信息交互，进行货币资金转移的支付方式。

支付宝（中国）网络技术有限公司是国内领先的第三方支付平台，致力于提供“简单、安全、快速”的支付解决方案。支付宝公司从2004年建立开始，始终以“信任”作为产品和服务的核心。旗下有“支付宝”与“支付宝钱包”两个独立品牌。自2014年第二季度开始成为当前全球最大的移动支付厂商。

下面我们就来看看支付宝如何申请以及支付。

1．支付宝的注册

（1）进入支付宝注册官网 https://www.alipay.com，单击“免费注册”，如图3-9所示。

图3-9　注册支付宝

（2）单击“个人账户”，默认选择“中国大陆”，输入手机号码和验证码，单击“下一步”按钮，如图3-10所示。

图3-10　注册个人账户

（3）填入手机上收到的验证码，单击“下一步”按钮，如图3-11所示。

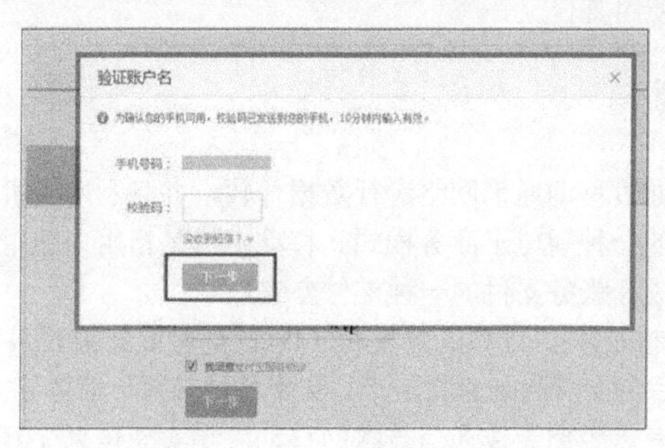

图3-11　接收验证码

（4）填写账户基本信息（账户注册成功则默认支付宝账户绑定手机）。需要用户的真实姓名。注册完成后不可修改，如图 3-12 所示。

图 3-12　设置身份信息

（5）单击“确定”按钮后，会有两种情况。

第一种情况如下。

① 未通过身份证验证，可以在网上购物，但不可以充值，不能查询收入明细，收款金额会被冻结（解决方法：完成“实名认证”）。

② 原来已有支付宝账户通过了实名认证，请单击“关联认证”操作（点此查看关联认证流程）。

第二种情况：通过身份信息验证，可以使用支付宝的所有功能（但收款额度只有 5 000 元/年，解决方法：完成实名认证后，无收款额度限制）。

① 姓名和身份证号码通过身份信息验证后，页面提示用户绑定银行卡，输入用户的银行卡卡号及该卡在银行预留的手机号，单击“确定”按钮，输入校验码，单击“确认，注册成功”按钮，完成开通支付宝服务且绑定银行卡成功，如图 3-13 和图 3-14 所示。

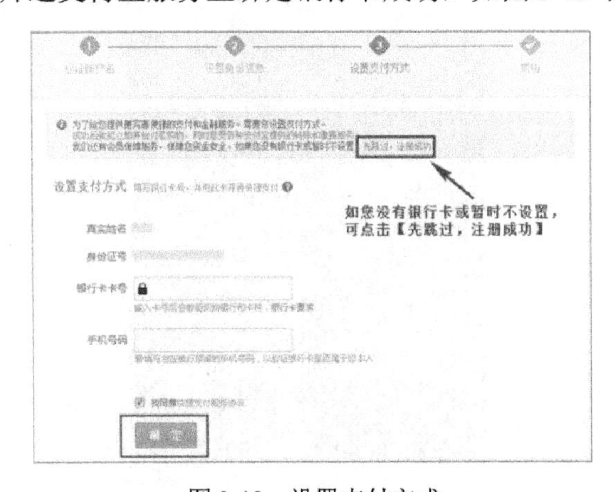

图 3-13　设置支付方式

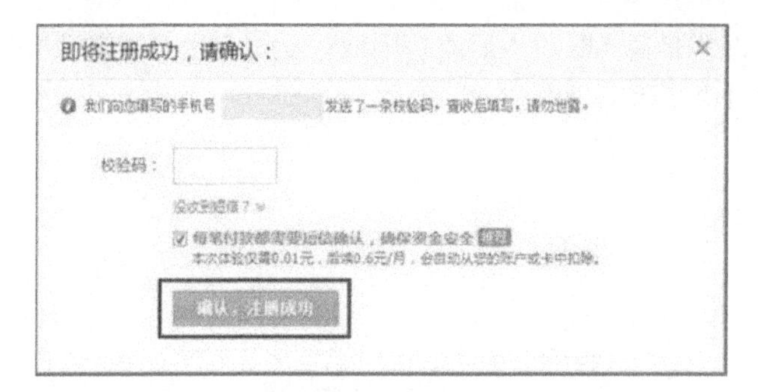

图 3-14　注册成功

② 开通支付宝服务成功，单击“完善账户信息”，补全用户职业及身份证有效期信息，如图 3-15 所示。

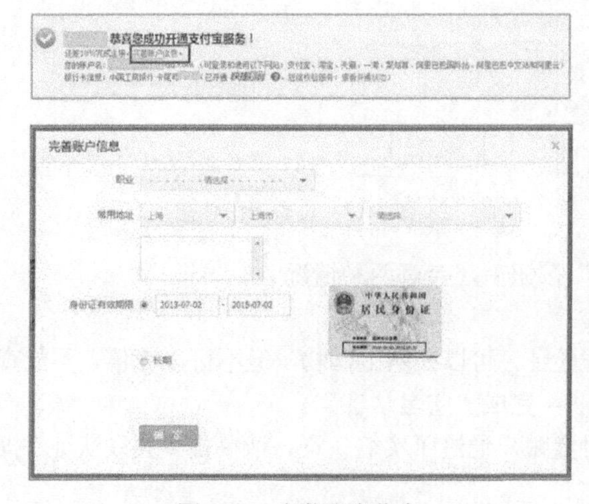

图 3-15　完善账户信息

至此，支付宝就申请好了。

2．支付宝的使用

（1）下载并安装最新版支付宝应用，输入手势密码直接登录支付宝，如图 3-16 所示。

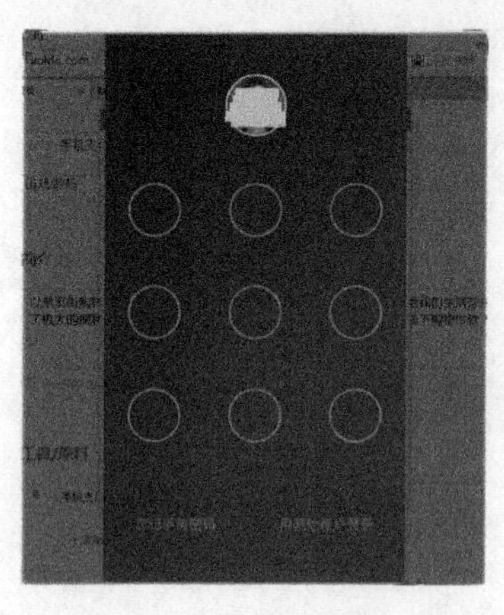

图 3-16　手势密码

（2）打开手机支付宝，在主页界面右上角找到“付款码”，然后点击进入，如图 3-17 所示。

图 3-17　付款码

（3）跳出“在支持付款码的商家，向收银员出示此码，轻松完成付款”提示，点击“我知道了”，跳过提示，如图 3-18 所示。

图 3-18　付款提示。

（4）跳过提示后，出现付款二维码，如图 3-19 所示。

图 3-19　付款二维码

（5）点击条形码或者将二维码放大，然后利用扫描枪或者手机扫一扫该码，如图 3-20 所示。

图 3-20　扫描二维码

（6）输入付款金额或者转账金额，然后点击“付款”，输入手机支付密码，点击“支付”即可，如图 3-21 和图 3-22 所示。

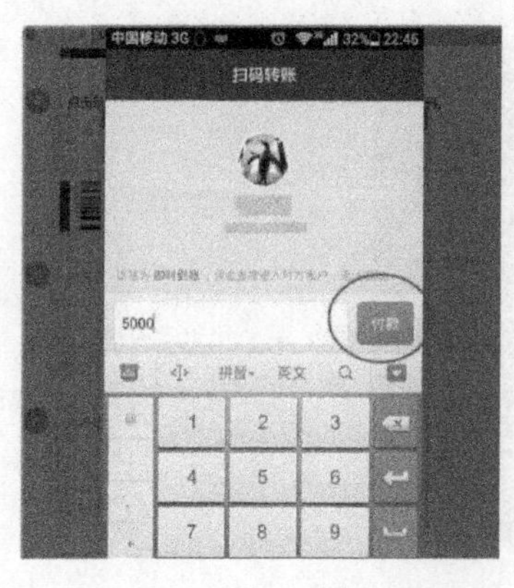

图 3-21　输入付款金额

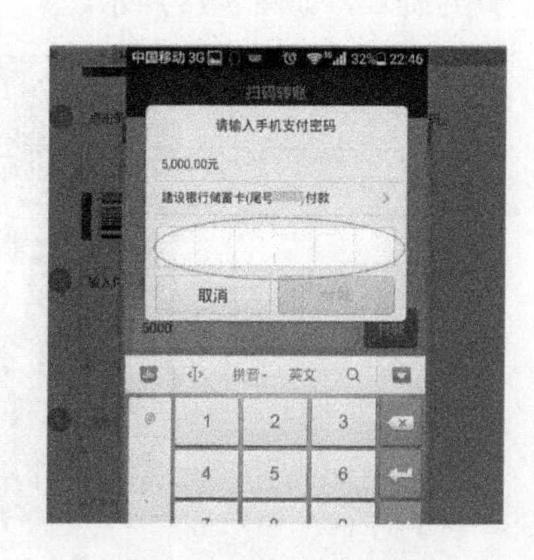

图 3-22　输入支付密码

项 目 总 结

本项目主要讲了一些智能手机的常用应用。

1. 手机上网功能

手机的上网功能可以说是智能手机的基本功能之一，一般的智能手机出厂时都会自带浏览器，直接点开就可以登录网站。其他第三方的浏览器也有非常不错的，比如百度浏览器、UC 浏览器等，如图 3-23 所示。

图 3-23　百度浏览器和 UC 浏览器

2．扫描二维码

随着移动互联网的发展，二维码也开始被广泛应用，尤其是其与电子商务的紧密结合，使二维码成为当前很火的概念。随着国家信息化进程的不断推进，尤其是物联网应用发展的高歌猛进，手机二维码市场面临着更多的发展机遇，正处在市场爆发的临界点。我国二维码行业也呈现出百家争鸣的趋势，涉足二维码应用的商家越来越多，可谓是万“码”奔腾。正是由于二维码的飞速发展，二维码生成也变得非常简单。二维码的生成主要有两种方式，即软件生成和网站在线生成。下面我们就以网站在线生成的方式介绍一下如何生成一个二维码。

（1）首先打开浏览器，在百度的搜索框中输入“二维码生成”，就会出现搜索结果，如图 3-24 所示。

图 3-24　搜索结果

（2）这里选择第二个“联图网”（选择哪项都可以，功能类似）。进入该网站，如图 3-25 所示。

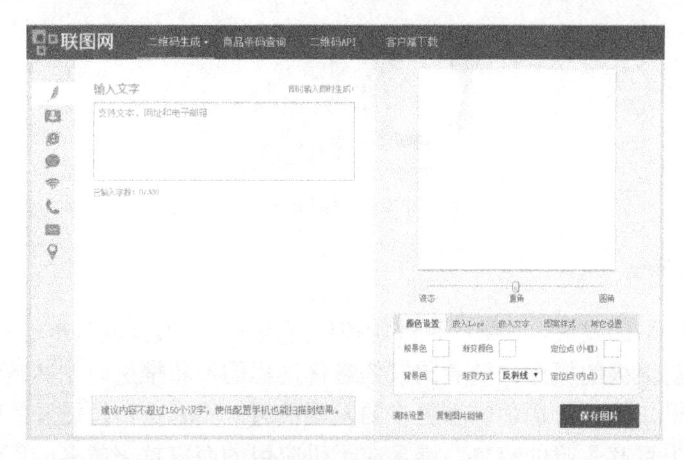

图 3-25　联图网

（3）最左边一列是生成二维码的种类，分别是文本、名片、网址、短信、WIFI、电话、邮箱和地图，如图 3-26 所示。

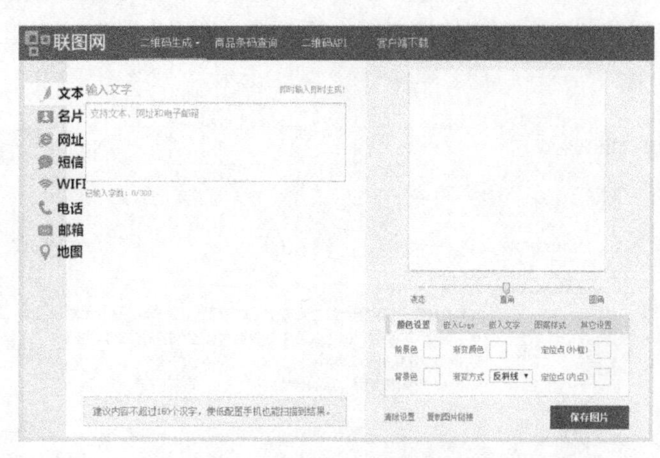

图 3-26　生成二维码的种类

（4）我们就以最简单的文本来演示一下。先单击“文本”，在输入框中输入“移动互联网”，右边图片预览区就会自动生成二维码，如图 3-27 所示。

图 3-27　二维码预览

（5）这时我们可以用手机扫描一下来测试二维码的效果。确定没问题，单击“保存图片”，就会弹出图片下载窗口，选择好下载路径，单击“下载”按钮，如图 3-28 所示。

图 3-28　下载二维码

（6）其他种类的二维码生成方法都是类似的，我们甚至还可以改变二维码的颜色以及嵌入 LOGO。

3. 移动商务和移动支付

移动商务（M-business 或 Mobile Business）是电子商务的一个分支，移动商务是指通过移动通信网络进行数据传输，并且利用移动信息终端参与各种商业经营活动的一种新型电子商务模式，它是新技术条件与新市场环境下的新型电子商务形态。移动商务也称为移动办公，是一种利用手机实现企业办公信息化的全新方式。

与传统的商务活动相比，移动商务具有如下几个特点。

（1）更具有开放性、包容性

移动商务因为接入方式无线化，使任何人都更容易进入网络世界，从而使网络范围延伸更广阔、更开放。同时，使网络虚拟功能更带有现实性，因此更具有包容性。

（2）具有无处不在、随时随地的特点

移动商务的最大特点是“自由”和“个性化”。传统商务已经使人们感受到了网络所带来的便利和快乐，但它的局限在于它必须有线接入，而移动电子商务则可以弥补传统电子商务的这种缺憾，可以让人们随时随地结账、订票或者购物，感受独特的商务体验。

（3）潜在用户规模大

中国的移动电话用户已接近 4 亿户，是全球之最。显然，从电脑和移动电话的普及程度来看，移动电话远远超过了电脑。而从消费用户群体来看，手机用户中基本包含了消费能力强的中高端用户，由此不难看出，以移动电话为载体的移动电子商务不论在用户规模上，还是在用户消费能力上，都优于传统的电子商务。

（4）能较好地确认用户身份

对传统的电子商务而言，用户的消费信用问题一直是影响其发展的一大问题，而移动电子商务在这方面显然拥有一定的优势。这是因为手机号码具有唯一性，手机 SIM 卡片上存储的用户信息可以确定一个用户的身份，而随着手机实名制的推行，这种身份确认将越来越容易。对于移动商务而言，这就有了信用认证的基础。

（5）定制化服务

由于移动电话具有比 PC 更高的可连通性与可定位性，因此移动商务的生产者可以更好地发挥主动性，为不同的顾客提供定制化的服务。例如，开展依赖于包含大量活跃客户和潜在客户信息的数据库的个性化短信息服务活动，以及利用无线服务提供商提供的人口统计信息和基于移动用户位置的信息，商家可以通过具有个性化的短信息服务活动进行更有针对性的广告宣传，从而满足客户的需求。

（6）移动电子商务易于推广使用

移动通信所具有的灵活、便捷的特点，决定了移动电子商务更适合大众化的个人消费领域，比如自动支付系统，包括自动售货机、停车场计时器等；半自动支付系统，包括商店的收银柜机、出租车计费器等；日常费用收缴系统，包括水、电、煤气等费用的收缴等；移动互联网接入支付系统，包括登录商家的 WAP 站点购物等。

（7）移动电子商务领域更易于技术创新

移动电子商务领域因涉及 IT、无线通信、无线接入、软件等技术，并且商务方式更具有多元化、复杂化，因此在此领域内很容易产生新的技术。随着中国 4G 网络的兴起与应用，这些新兴技术将转化成更好的产品或服务。所以移动电子商务领域将是下一个技术创新的高产地。

而移动商务的兴起必定会带来支付方式的改变，移动支付应运而生。

相比传统的“钱包”付款方式，电子钱包式移动支付依靠智能移动终端设备，大大提高了人们的支付效率。摆脱厚重的钱包，便捷支付成为了各大厂商推出的移动支付的共同特点，而这也是移动支付获得用户广泛欢迎的最重要的原因。

项目 2

智能生活

科技发展到今天，智能手机给我们的生活的确带来了极大的便捷。我们的生活越来越离不开手机，想购物，打开手机客户端，各类商品琳琅满目、一览无余，想要什么，选中加入购物车，然后支付宝付款，就等着快递上门了。想出门旅行，打开地图应用，出门的路线以及各个景点的评分都呈现在眼前。外出看见美丽的风景，马上拍下来，经过图像编辑软件的优化，一张意境十足的纪念相片就生成了，而这些功能的实现则要依赖于各类手机应用 App。

任务 1 社交类——微信

任务描述

李阿姨自从安装上微信以后，一直只是接收信息而不会发送信息，看别人发照片、视频和朋友圈很是羡慕。

任务实施

微信（WeChat）是腾讯公司于 2011 年 1 月 21 日推出的一个为智能终端提供即时通信服务的免费应用程序，微信支持跨通信运营商、跨操作系统平台通过网络快速发送免费（需消耗少量网络流量）语音短信、视频、图片和文字，同时，也可以使用共享流媒体内容的资料和基于位置的“摇一摇”“漂流瓶”“朋友圈”“公众平台”“语音记事本”等服务插件。

下面我们就来简单介绍一下。

1．添加朋友

作为一款社交软件，我们首先要做的就是找到志趣相投或者有缘分的好友，为此微信提供了非常丰富的找朋友功能。在主界面点击右上角的“+”，我们可以看到一个“添加朋友”的选项，点击进入就能看到多种添加朋友的方式，如图 3-29 所示。

图 3-29　添加朋友

如果已经知道对方的微信号、QQ 号或者是手机号，就可以在上方的搜索框中直接输入号码添加好友。

除此之外，我们还可以采用其他几种方法。

（1）雷达加朋友

点开后，雷达开始扫描，手机通过声波搜索附近 3m 以内的朋友，如果你的朋友也开启了雷达加朋友的话将会自动添加朋友成功。该方式主要是方便面对面互相加好友，如图 3-30 所示。

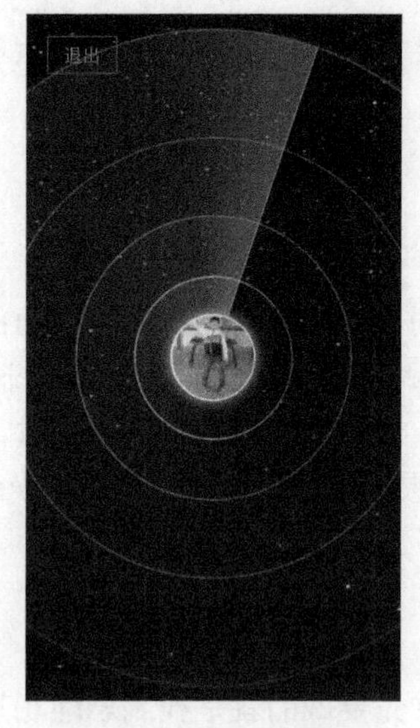

图 3-30　雷达添加朋友

（2）面对面建群

微信面对面建群功能可以说是对传统群聊功能的一种突破，只要周围的朋友输入相同的四位数，就可以自动生成群，从而方便创建“志同道合”类型的群，如图 3-31 所示。

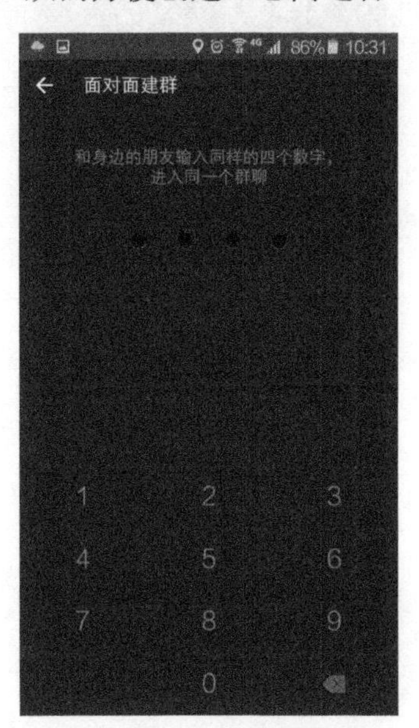

图 3-31　面对面建群

（3）扫一扫

每一个微信账户都会生成自己的二维码名片，使用二维码已经成为很多用户添加好友的方法之一。使用时，只要扫描对方的二维码名片即可，如图 3-32 所示。

图 3-32　扫一扫添加朋友

（4）手机联系人

添加手机联系人就是将手机上的联系人上传到微信通信录，系统就会自动给你推荐已经开通微信的手机联系人，你只要查看微信通信录就可以快速添加对方为微信好友，如图 3-33 所示。

图 3-33　添加手机联系人

（5）公众号

微信的公共平台为用户提供了获取资讯的最自主的途径，我们可以选择喜欢的个人或者组织进行关注，在微信中添加一个公众号，就可以随时获得关于这个平台的最新资讯。点击“公众号”，在搜索框中输入公众号的编号或直接输入汉字搜索，都可以找到相关的公众号，如图 3-34 所示。

图 3-34　添加公众号

找到相应的公众号之后，点击“关注”即可。

2．聊天

微信最主要的功能就是聊天，下面我们来看看如何进行聊天操作。

（1）首先我们需要在通信录里找到要聊天的人，如图 3-35 所示。

图 3-35　找到联系人

（2）点开联系人，并点击“发信息”，如图 3-36 所示。

图 3-36　准备发送信息

（3）发送文字信息，只需要点击下方的输入框就会出现小键盘，我们就可以打字了，如图 3-37 所示。

图 3-37　输入文字

（4）如果想发表情，可以点击右侧的笑脸图标，如图 3-38 所示。

图 3-38　输入表情

（5）语音输入也很简单，点击输入框左侧的语音图标，输入框就会变成“按住说话”字样，用手指按住之后就可以语音输入了，松开手指就可以发送语音信息，如图 3-39 所示。

图 3-39　语音输入

（6）发送图片和视频，点击右侧的+，就会出现下拉页面，其中就有图片和小视频，如图 3-40 所示。

图 3-40　发送图片和视频

（7）点击图片，出现手机相册，可以从中选取，也可以用相机现照，选好之后点击“发送”就可以了，如图 3-41 所示。

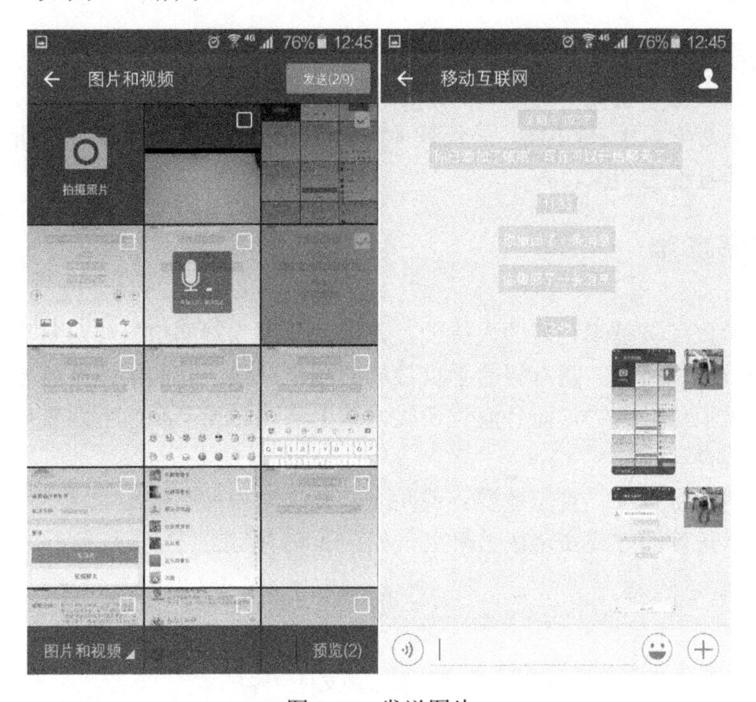

图 3-41　发送图片

（8）点击“小视频”出现录制小视频窗口，手指按住下方的“按住拍”开始录制视频。结束之后会自动上传并发送，如图 3-42 所示。

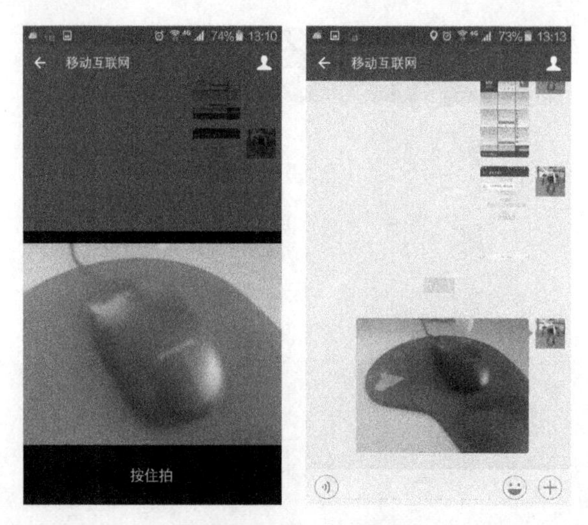

图 3-42　发送小视频

考虑到李阿姨岁数比较大，讲多了记不住。所以今天只讲了微信最基本的功能，其他功能可以自行学习。

任务 2　购物类——手机淘宝

任务描述

李阿姨今天想学习手机购物，原来李阿姨最近想给孙子买一个水杯，听别人说网上又便宜质量又好而且给送到家。

任务实施

目前，网购已经被越来越多的人接受，不仅仅是因为网购价格相对实惠，更因为网购带来的便利是日益突出的。随着智能手机性能的越来越强，功能的越来越多，我们也可以随时随地在手机上进行购物，而且流程还比电脑上购物方便不少，下面我们就来学习一下如何进行手机购物和付款。

（1）用手机淘宝购物，首先就要下载两个必备法宝——手机淘宝客户端和支付宝钱包客户端，然后以正确的方式安装在手机上。如图 3-43 所示。

图 3-43　手机淘宝和支付宝客户端

（2）安装好以后打开手机淘宝，选择右下角的“我的淘宝”，登录你在电脑上注册的淘宝账户。如果你是第一次使用，那么可以先“注册”。登录账户后系统会自动调回淘宝首页，如图 3-44 所示。

图 3-44　登录淘宝账户

（3）登录账户后，我们可以在首页的各购物区域进行购物操作，也可以选择首页顶部的“寻找宝贝、店铺”搜索框，如图 3-45 所示。

图 3-45　搜索框

（4）在这里输入想要购买的宝贝，或者切换搜索选项，例如“天猫”“店铺”，也可以通过选择底部的麦克风按钮来语音搜索，如图 3-46 所示。

图 3-46　搜索宝贝

（5）以输入“水杯”为例，淘宝会推荐一些相关的类别，帮助我们更好地购物，当然也可以直接搜索，如图 3-47 所示。

图 3-47　搜索水杯

（6）搜索结果中选择觉得还不错的水杯，在宝贝页面可以通过上下左右滑动来了解宝贝的详细情况，如果中意，就可以选择“加入购物车”或者“立即购买”，如图 3-48 所示。

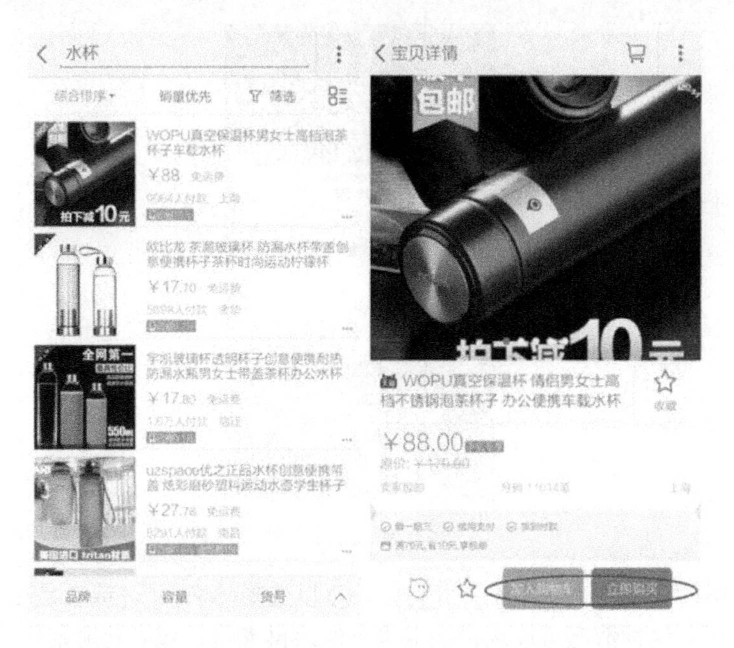

图 3-48 选择水杯

（7）这时淘宝会让用户选择宝贝的具体种类（如果是单个宝贝的页面就不会出现这一步），选择自己想要的宝贝的具体种类，一件或者多件，然后确定，如图 3-49 所示。

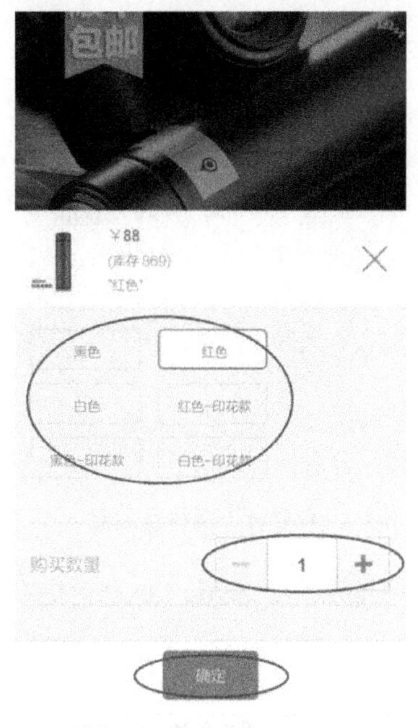

图 3-49 选择种类

（8）如果在前面进行了“加入购物车”选择，这时会返回到商品搜索结果里，我们可以进行其他商品的选择。如果是“立即购买”，则会弹出支付页面（结算购物车时也会如此）。确认要购买的宝贝价格以及我们的支付信息和支付方式，如果没错，点击“确定”，如图 3-50 所示。

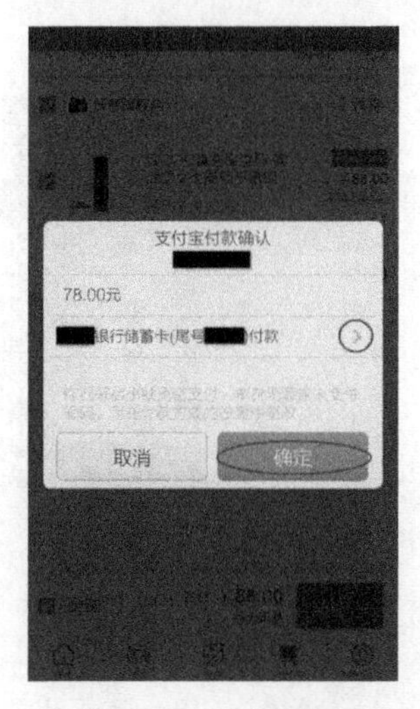

图 3-50　支付页面

（9）如果临时改变主意，不想立即付款，可以选择“取消”，或者是账户的余额不够，导致支付失败了。这种情况可以选择在卡里充值后再支付，或者让朋友代付，然后在“我的淘宝”—“待付款”里面付款，如图 3-51 所示。

图 3-51　待付款商品

经过以上操作，李阿姨如愿地买到了水杯，心里甭提多高兴了。

任务 3　出行类——高德地图

任务描述

李阿姨过些日子打算和老伴去一趟省博物馆，但不熟悉坐哪路公交车，想看看手机上有没有这类应用。

任务实施

高德地图（Amap）是国内一流的免费地图导航产品，也是基于位置的生活服务功能最全面、信息最丰富的手机地图，由国内最大的电子地图、导航和 LBS 服务解决方案提供商高德软件提供。高德地图采用领先的技术为用户打造了最好用的“活地图”。且省电，省流量，更省钱，堪称最完美的生活出行软件。

下面我们看看高德地图的基本操作。

（1）下载并安装好高德地图。如果 GPS 没有打开，应用会提示打开 GPS，如图 3-52 所示。

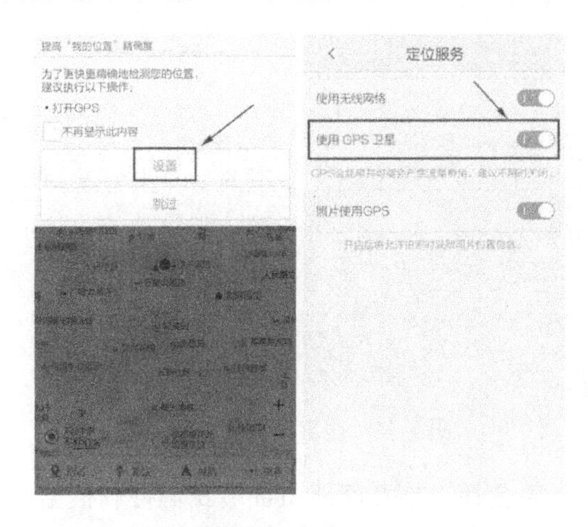

图 3-52　打开 GPS

（2）打开 GPS 后，高德地图会自动定位，如图 3-53 所示。

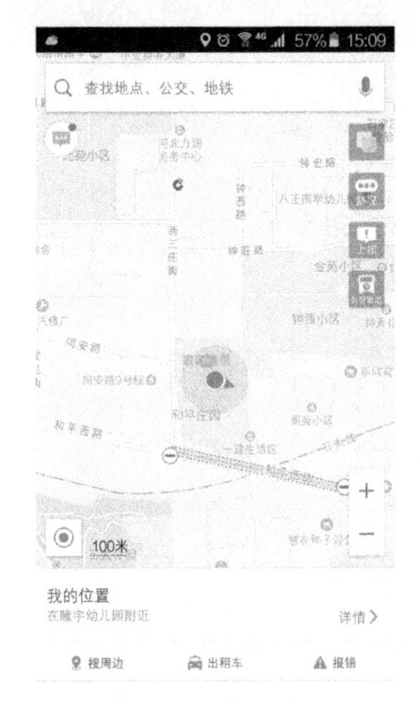

图 3-53　成功定位

（3）我们在上方的搜索框中直接输入“河北省博物馆”，点击“搜索”，就会出现搜索结果，如图 3-54 所示。

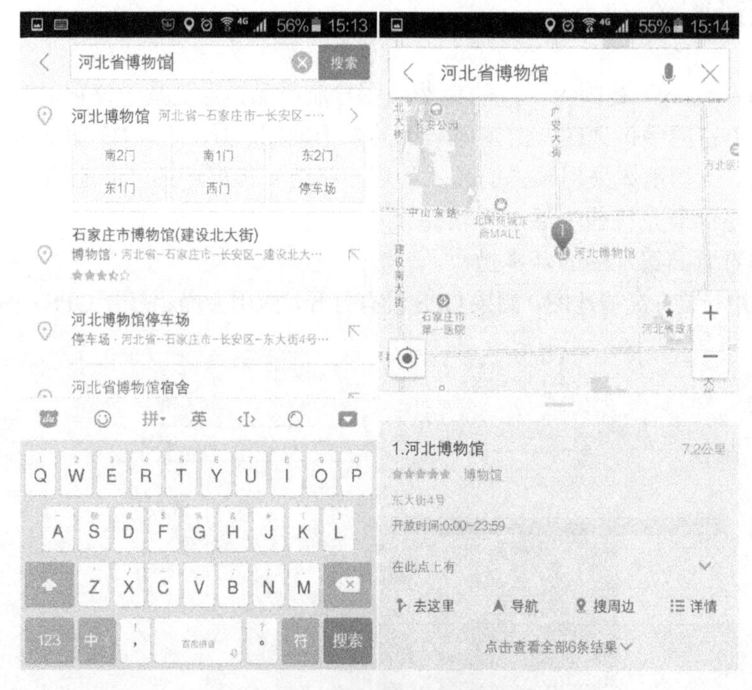

图 3-54　搜索河北省博物馆

（4）点击“去这里”，就会弹出推荐路线页面。我们可以根据自己的需要选择开车、公交或步行等三种交通方式。这里我们选择公交方式，如图 3-55 所示。

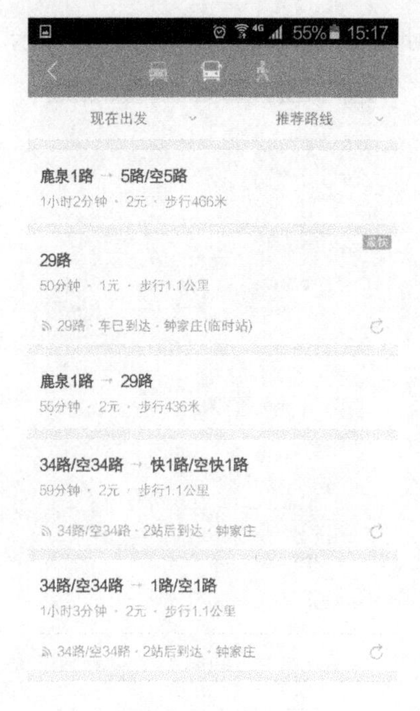

图 3-55　路线列表

（5）选择其中一条路线，系统会给出详细的路程规划（选择29路），点击“我的位置”还可以从地图上看路线，如图3-56所示。

图3-56 路程规划

李阿姨学完以后感慨地说以后去哪都不用发愁了，真是太方便了。

任务4 生活类——百度外卖

任务描述

李阿姨家的小孙子前些天想吃肯德基，李阿姨带着他去门店吃，结果人山人海，光排队就等了半个小时，浪费了不少时间和精力。李阿姨听人说手机可以叫外卖，想来学习一下。

任务实施

外卖App成为了白领就餐新选择，百度外卖就是其中一个。百度外卖覆盖了众多优质外卖商家，提供方便快捷的网络外卖订餐服务。工作太累不想做饭，也不想出门就餐时，动动手指点个外卖，也是一件乐事。

下面我们就来看看百度外卖如何进行点餐。

（1）首先我们得下载并安装“百度外卖”的App，如图3-57所示。

图 3-57　百度外卖

（2）安装成功后，打开百度外卖，软件会自动定位所在的位置，如图 3-58 所示。

图 3-58　打开百度外卖

（3）点击“餐饮”，就会列出支持外卖的商家列表。同时显示配送价格、时间和距离。如图 3-59 所示。

图 3-59　商家列表

（4）李阿姨家的小孙子爱吃肯德基，我们就来点一份肯德基。点开“肯德基宅急送（省院店）”，就可以弹出肯德基的菜单目录，如图 3-60 所示。

图 3-60　菜单目录

（5）点击菜品名称后面的“+”号，将菜品添加进购物车。选好后，点击下面的“选好了”，如图 3-61 所示。

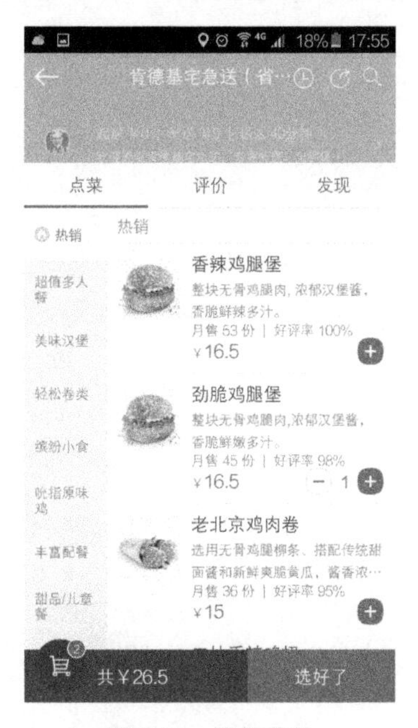

图 3-61　选择菜品

（6）接着就会弹出百度账号登录窗口，主要有两种登录方式，“短信快捷登录”和“普通登录”。“普通登录”是给有百度账号的用户准备的，而“短信快捷登录”可以让没有百度账号的用户登录，填好手机号后百度会给用户手机发送验证码，只要填上验证码就可以登录了，如图 3-62 所示。

图 3-62　登录百度账号

（7）登录百度账号后，就会出现订单的详情，包括送达时间、支付方式、备注等。主要有三种支付方式：百度钱包、支付宝、微信支付和货到付款，需要注意的是三种方式优惠幅度不太一样。确认无误后点击下方的“确认下单”，如图 3-63 所示。

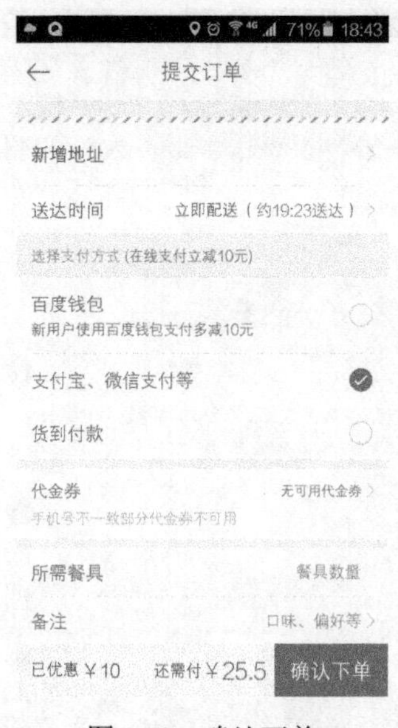

图 3-63　确认下单

（8）如果我们选择了百度钱包或支付宝、微信支付，此时会弹出页面要求绑定银行卡进行支付。如果选择了货到付款就没有其他的了，只等商家接单送餐了。

十分钟之后，李阿姨收到了肯德基送来的外卖，小孙子吃得很开心。

任务5 资讯类——今日头条

任务描述

李阿姨平时喜欢看新闻，虽然学会了用浏览器访问网站来看新闻，但总感觉针对性不强，找新闻比较费时。

任务实施

今日头条是一款基于数据挖掘的推荐引擎产品，它为用户推荐有价值的、个性化的信息，提供连接人与信息的新型服务，是国内移动互联网领域成长最快的产品服务之一。

今日头条聚合各大门户的全平台新闻资讯，涵盖热点新闻、科技、财经、社会、国际、娱乐、段子、图片、体育、军事、汽车，等等，可以随时随地分享新闻资讯到微博、微信、朋友圈、QQ 空间等社交平台。

下面就让我们来认识一下今日头条。

（1）首先从各大应用市场下载并安装今日头条，如图 3-64 所示。

图 3-64　今日头条

（2）打开今日头条，出现主界面，首先弹出的是推荐新闻，如图 3-65 所示。

图 3-65　今日头条主界面

（3）当我们看到一篇需要收藏的新闻或视频时可以点击下方的“星星”进行收藏，方便以后查看，如图 3-66 所示。

早上好，即通客户端问候您！今天是2016年10月4日，农历九月初四，星期二。今天，河北大部地区最低气温略有下降，出门记得增加衣服。一起来看今天的天气情况：

图 3-66　收藏新闻

（4）当我们看到某一类的新闻或文章时，如果想长时间关注这方面的信息，也可以添加头条号。滑动上方的种类，找到“头条号”，如图 3-67 所示。

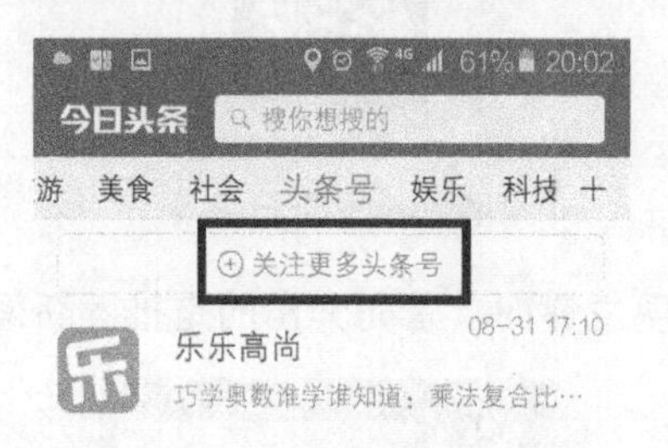

图 3-67　头条号

（5）点击上方的“关注更多头条号”，出现头条号列表，左侧有许多分类，可以下拉选择自己感兴趣的分类内容，如图 3-68 所示。

图 3-68 头条号列表

（6）李阿姨选择关注央视新闻，这样央视新闻一有更新，李阿姨就会第一时间知道。如图 3-69 所示。

图 3-69 关注央视新闻

（7）如果我们想长期保存头条号和收藏的新闻，可以注册一个“今日头条”的账号，单击下方最右侧的“未登录”，点击“登录/注册”进行注册，如图3-70所示。

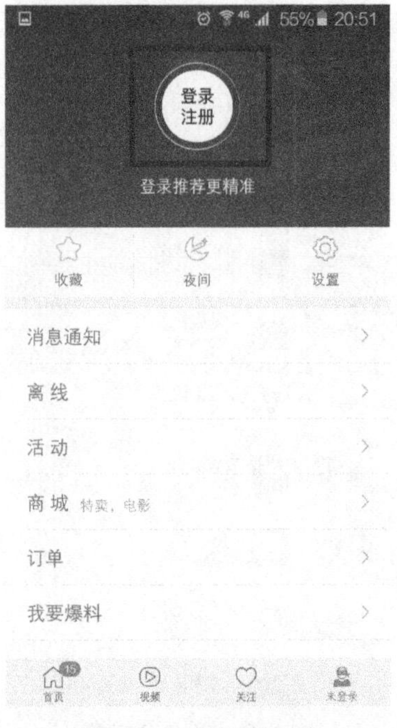

图3-70　注册今日头条

（8）注册很简单，可以输入手机号，填写验证码自动注册。也可以直接用微信、QQ和天翼等账号登录，如图3-71所示。

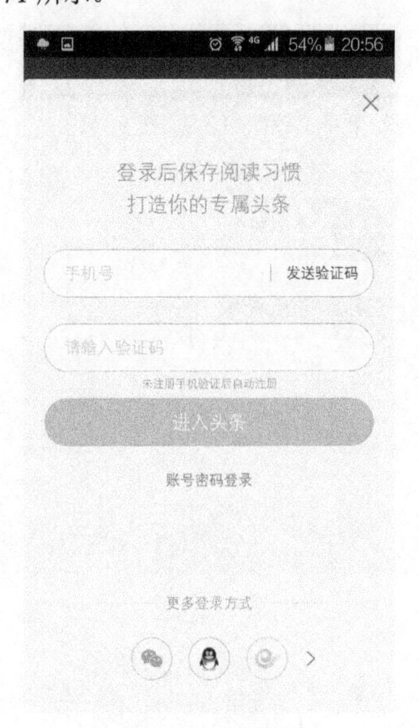

图3-71　注册页面

李阿姨用了今日头条后感觉方便极了，热点新闻、本地新闻甚至视频等都可以看到。

任务 6 安全类——LBE

任务描述

李阿姨最近发现手机的反应速度变慢了，有时还会卡住不动，只能重新启动手机才可以。

任务实施

通常我们使用手机时间长了，手机会变得越来越慢，而且很卡，打开一个页面都要很长时间才反应过来，这主要是因为手机打开的应用程序过多以及手机的垃圾文件太多造成的。要解决这个问题我们可以用一些安全类应用来实现。

LBE 安全大师是一款集权限管理、加速优化、节电优化、软件卸载、骚扰拦截、广告拦截、病毒查杀、通信增强、手机防盗等多功能于一身的安卓系统软件。该软件功能强大，个性化灵活，在安卓安全类软件中属于佼佼者。但正是因为功能繁多，使许多用户在短时间内难以摸透该软件的所有功能。

下面我们来学习一下如何用 LBE 对手机进行优化。

1. 首先下载并安装 LBE 安全大师

LBE 安全大师如图 3-72 所示。

图 3-72 LBE 安全大师

2. 手机优化

打开 LBE 安全大师，在主界面上我们可以点击上方的圆形优化按钮，进行优化评分，如图 3-73 所示。

图 3-73　优化手机

3. 手机加速

（1）点击“手机加速”模块，出现手机加速页面，在这里有 6 个可以点击的项目。分别是机型详情、一键加速、任务管理、智能加速、自启管家和垃圾清理，如图 3-74 所示。

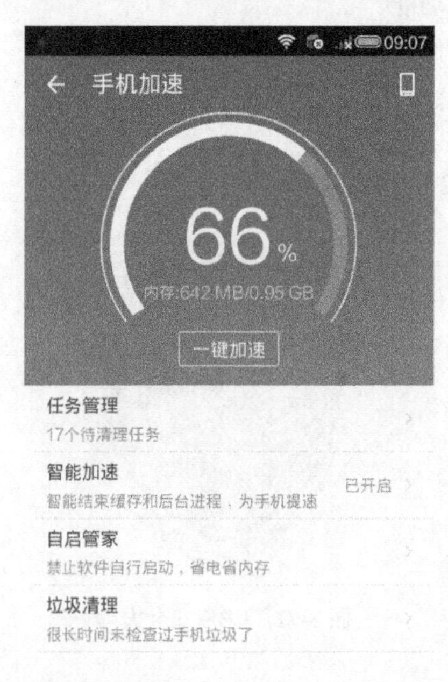

图 3-74　手机加速

（2）点击右上角的手机图标，就会出现手机详细的配置信息，如图 3-75 所示。

图 3-75　机型详情

（3）一键优化。可快速清理系统后台任务，释放内存，提升手机的运行速度。加速完以后如果觉得不明显，那么可以选择深度清理，一键优化界面如图 3-76 所示。

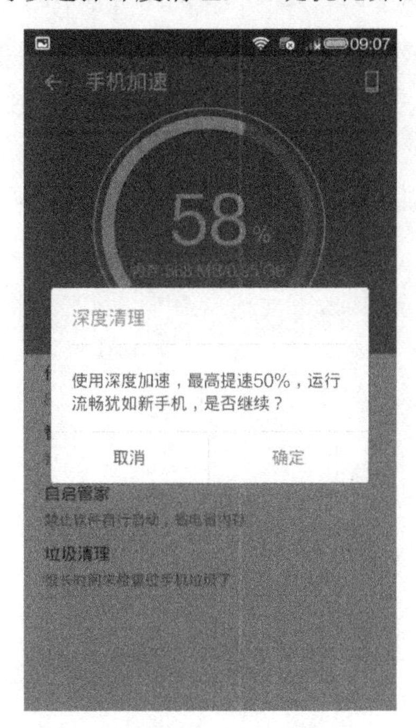

图 3-76　一键加速

（4）任务管理。选择要清理的任务，可多选。LBE 安全大师会自动选择不必要的程序，我们只要点击下方的“一键清理”即可，任务管理界面如图 3-77 所示。

图 3-77　任务管理

（5）智能加速。如果开启智能加速，手机就会自动结束缓存和后台程序，从而为手机提速。而白名单内的应用可以不被一键清理，如图 3-78 所示。

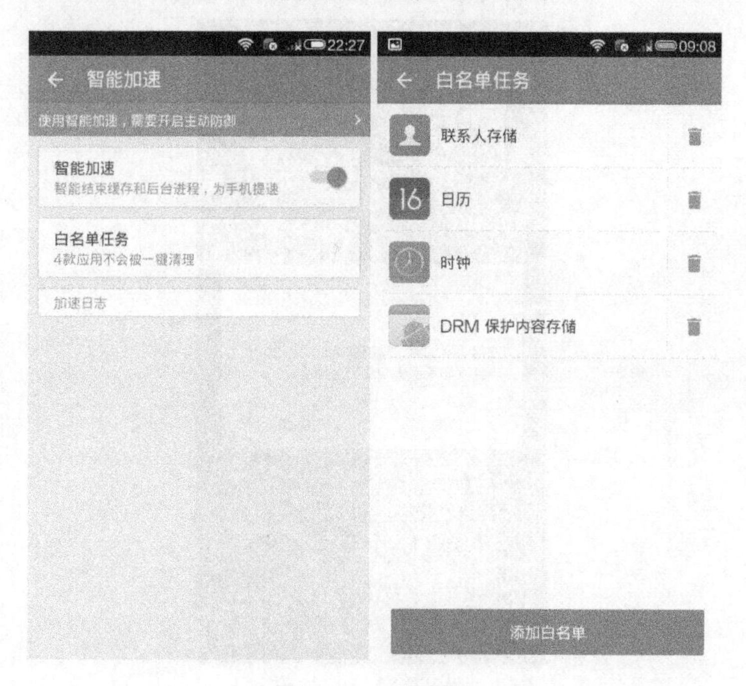

图 3-78　智能加速

（6）自启管家。可以禁用不想自动启动的程序，加快手机启动和反应速度。对安卓系统有深入了解的用户还可以禁用系统软件的自启功能，自启管家界面如图 3-79 所示。

图 3-79　自启管家

（7）垃圾清理。LBE 安全大师会将可清理的垃圾文件列出，用户可以选择一键清理，也可以点击各个项目对个别垃圾文件进行清理，如图 3-80 所示。

图 3-80　垃圾清理

经过 LBE 安全大师的优化，李阿姨的手机又和刚买时一样流畅了。

任务 7　iOS 自身的安全性

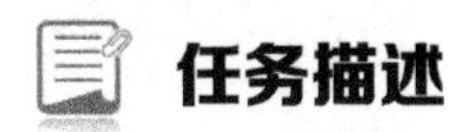

任务描述

目前使用苹果手机的人越来越多，李阿姨的儿子刚买了一部 iPhone 6s。李阿姨自从装了 LBE 安全大师以后觉得挺好用，就想着给儿子的手机也装一个，谁知在应用市场怎么也找不到。

任务实施

iOS 是由苹果公司开发的移动操作系统。从打开设备的那一刻起，iOS 就能为我们提供内置的安全性。iOS 专门设计了低层级的硬件和固件功能，用以防止恶意软件和病毒。同时还设计有高层级的 OS 功能，有助于在访问个人信息和企业数据时确保安全性。

那么 iOS 系统到底需不需要安全类应用呢？

其实在苹果手机上就没有杀毒软件，当然我们在应用商店中可以看到很多卫士安全管理软件，例如百度卫士、腾讯管家、超级手机管家等。但这些应用只是监控流量、查看硬件信息、网络测速等。百度卫士界面如图 3-81 所示。

图 3-81　百度卫士

为什么在苹果手机上可以这样放心地下载使用软件呢？这是因为苹果手机的 iOS 系统属于一个封闭的系统，对于权利控制得很严格，不会轻易让第三方应用软件随意控制系统。另外再加上应用商店中的软件都需要苹果的审核才能最终上架。所以即使有一些类似病毒的 App 软件，也会在上架前被 App Store 清理掉，苹果手机的 App Store 如图 3-82 所示。

对于越狱的苹果手机在安全性上要稍差一些，因为第三方插件可以随意获取苹果手机系统的控制权，有可能会偷取我们手机上的数据。但是越狱以后，只要在 Cydia 的正规源中添加插件，还是很安全的。

所以，综上所述 iOS 本身具有很好的安全性，并且是封闭式系统，所以不需要安全类应用。

图 3-82　App Store

项 目 总 结

本项目主要讲解了平时生活中和我们关系密切的应用。

1. 社交类应用

信息化社会重在沟通，社交类应用也就出现了。这类应用还是比较多的，除了讲解的微信，还有腾讯自家的 QQ、阿里的旺信、小米的米聊，等等，操作方法大都类似，社交类应用如图 3-83 所示。

图 3-83　社交类应用

2. 购物类应用

随着网上购物的流行，越来越多的人喜欢使用手机来进行一些购物。除了手机淘宝，还有京东、天猫、唯品会，等等，购物类应用如图 3-84 所示。

图 3-84　购物类应用

3. 出行类应用

当我们到外地出差或旅游时有一款出行类应用是非常方便的。这类应用主要分为两类，一类是在我们出发之前预订车票、酒店，另一类就是到了外地为我们指路导航的应用。这些应用的代表有携程旅游、同程旅游、高德地图和百度地图，出行类软件如图 3-85 所示。

图 3-85　出行类软件

4．生活类应用

此类应用主要是与我们的平时生活息息相关的，比如外卖 App 有百度外卖、饿了么、口碑外卖等，团购 App 有百度糯米、美团、拉手网等，菜谱 App 有美食天下、美食杰、好豆菜谱，等等，生活类应用如图 3-86 所示。

图 3-86　生活类应用

5．资讯类应用

现在很多用户在了解最新的新闻资讯的同时还有其他的需求，例如关注自己喜爱的领域与工作、增加阅读量、打发时间等。这些需求让移动资讯应用繁衍出了社交、分享、娱乐等功能。这样就派生出一系列的应用，除了我们介绍的今日头条还有网易新闻、腾讯新闻和搜狐新闻等，都属于此类应用，资讯类应用如图 3-87 所示。

图 3-87　资讯类应用

6．安全类应用

目前安全类应用除了可以杀毒、优化、骚扰拦截外，还具备很多特别的功能。不过随着各大安全类应用的不断更新，它们的特色功能也在不断地同质化，甚至有些特色功能已经成为了安全类应用的标配。除了 LBE 安全大师，还有腾讯手机管家、百度手机卫士、金山手机毒霸等，安全类应用如图 3-88 所示。

图 3-88 安全类应用

7. iOS 的自身安全性

由于 iPhone 手机的系统应用软件的管理机制不一样，它对系统权限控制严格，有自己的应用软件审核机制，能够保证用户使用手机时的安全性，所以也就没有必要去考虑是否要为手机选择一款杀毒软件。此外，在苹果的应用商店里，你也找不到任何有关杀毒的应用软件，即使有，比如一些手机管家类的应用，它们都是虚有其表。因为苹果手机的 iOS 系统能做到自身的安全，不允许其他第三方应用软件控制系统，也就不可能在应用商店里出现杀毒软件之类的应用。

当然，有的人可能已经把 iPhone 手机越狱了。如果手机被越狱了，此时系统权限也就被释放了。在这种情况下，建议在安装一些软件或插件时，特别要小心谨慎，否则有可能会遇到一些恶意的应用软件，从而导致手机变得不安全。

课后习题 3

一、实操题

1. 用手机浏览网易的网站。
2. 把自己的名字生成一个二维码。
3. 在微信中用面对面建群功能建立微信群。
4. 使用高德地图查找从家到学校的路线。
5. 使用今日头条查阅本地新闻。
6. 使用 LBE 对手机进行一次优化。

学习单元 4

智能生活的未来

随着 5G 时代的到来，移动互联网的未来让我们仿佛已经可以触摸得到。未来，人们将可以更加有效地生活着，手机的用户将更多，人们可以用手机来代替大型的电脑和笔记本，它已经能做电脑做的任何事情满足我们的生活，我们的家电会与互联网连接，可以用手机来控制，人们打电话、上网会成为公共需求，将不再收费。

单元情境

李阿姨学完了一系列的应用后，感慨生活原来可以这么方便，衣、食、住、行都可以用手机搞定。不禁想到以后的生活是不是更加方便呢？

单元学习概要

在这个单元中，我们结合现在来畅想一下未来的生活是怎样的。

单元学习目标

（1）了解智能家居。
（2）了解穿戴式设备。
（3）了解移动互联网带来的改变。

项目 1

移动互联网的未来

移动互联网第一次把互联网放到了人们的手中，打破了网上信息传播时间和空间的界限，使人们随时随地可以和网络融为一体。随着移动互联网时代的全面到来，移动互联网作为有望改变未来生活、商业模式和全球经济的颠覆性技术之首，它与大数据、云计算、人工智能、物联网、虚拟现实等一系列新的技术变革加速融合创新，必将引领互联网发展的新潮流，极大地促进技术与产品的创新、传统行业的融合发展和商业模式的变革。

任务 1 智能家居

任务描述

李阿姨最近想买一台电压力锅，儿子小吴知道后推荐她买小米的米家压力 IH 电饭煲，除了一般电饭煲的功能，还能手机遥控，进行手机预约。

任务实施

智能家居是以住宅为平台，利用综合布线技术、网络通信技术、安全防范技术、自动控制技术、音视频技术将家居生活有关的设施集成，构建高效的住宅设施与家庭日程事务的管理系统，提升家居安全性、便利性、舒适性、艺术性，并实现环保节能的居住环境，如图 4-1 所示。小吴所推荐的米家压力 IH 电饭煲就属于智能家居的范畴。

图 4-1　智能家居

与普通家居相比，智能家居不仅具有传统的居住功能，提供舒适安全、高品位且宜人的家庭生活空间，还由原来的被动静止结构转变为具有能动智慧的工具，提供全方位的信息交换功能，帮助家庭与外部保持信息交流畅通，优化人们的生活方式，帮助人们有效地安排时间，增强家居生活的安全性，甚至为各种能源费用节约资金。

与普通家居相比，智能家居有以下 4 个特性。

（1）智能化

由原来的被动静止结构转变为具有能动智能的工具。

（2）信息化

提供全方位的信息交换功能，帮助家庭与外部保持信息交流畅通。

（3）人性化

强调人的主观能动性，重视人与居住环境的协调，使用户能随心所欲地控制室内居住环境。

（4）节能化

取消了家用电器的睡眠模式，一键彻底断电，从而节省了电能。

那么智能家居能实现怎样的功能呢？

1. 智能灯光控制

实现对全宅灯光的智能管理，可以用遥控等多种智能控制方式实现对全宅灯光的遥控开关、调光、全开全关及“会客、影院”等多种一键式灯光场景效果的实现，并可用定时控制、电话远程控制、电脑本地及互联网远程控制等多种控制方式实现功能，从而达到智能照明的节能、环保、舒适、方便的功能，智能灯光控制如图 4-2 所示。

图 4-2　智能灯光控制

2. 智能电器控制

电器控制采用弱电控制强电方式，既安全又智能，可以用遥控、定时等多种智能控制方式实现对家里的饮水机、插座、空调、地暖、投影机、新风系统等进行智能控制，避免饮水机在夜晚反复加热影响水质，在外出时断开插座通电，避免电器发热引发安全隐患以及对空调、地暖进行定时或者远程控制，让您到家后马上享受舒适的温度和新鲜的空气，智能家电控制如图 4-3 所示。

图 4-3　智能家电控制

3. 智能安防监控系统

随着人们居住环境的升级，人们越来越重视自己的个人安全和财产安全，对人、家庭以及住宅的小区的安全方面提出了更高的要求。同时，经济的飞速发展伴随着城市流动人口的急剧增加，给城市的社会治安增加了新的难题，要保障小区的安全，防止偷抢事件的发生，就必须有自己的安全防范系统，人防的保安方式难以适应我们的要求，智能安防已经成为当前的发展趋势。

有了智能安防监控系统，从红外布防到门磁感应再到煤气感应，智能家居安防系统为你全天候地守护，随时探查任何细微的家居危险，并可以让你随时通过手机、PDA、电脑等监控家中的一切。无论发生任何特殊状况，智能安防监控系统都立即快速反应，并及时做出恰当的处理，智能安防监控系统如图 4-4 所示。

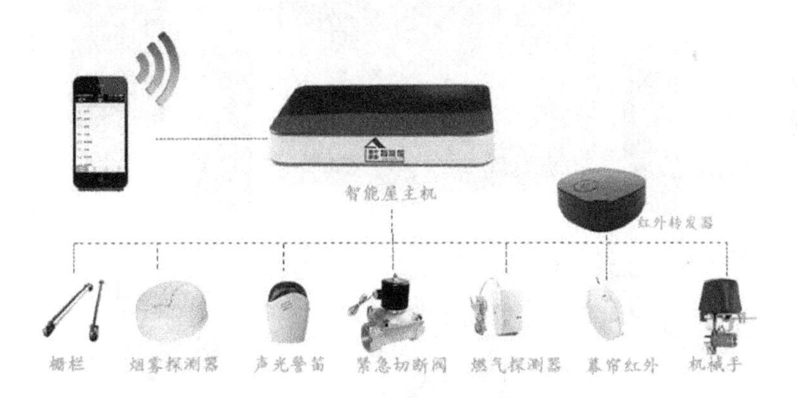

图 4-4　智能安防监控系统

4. 智能背景音乐

家庭背景音乐是在公共背景音乐的基本原理基础上结合家庭生活的特点发展而来的新型背景音乐系统。简单地说，就是在家庭任何一间房子里，比如花园、客厅、卧室、酒吧、厨房或卫生间，可以将 MP3、FM、DVD、电脑等多种音源进行系统组合，让每个房间都能听到美妙的背景音乐，音乐系统既可以美化空间，又能起到很好的装饰作用，智能背景音乐如图 4-5 所示。

图 4-5　智能背景音乐

5．智能视频共享

视频共享系统是将数字电视机顶盒、DVD 机、录像机、卫星接收机等视频设备集中安装于隐蔽的地方，系统可以做到让客厅、餐厅、卧室等多个房间的电视机共享家庭影音库，并可以通过遥控器选择自己喜欢的音源进行观看，采用这样的方式既可以让电视机共享音视频设备，又不需要重复购买设备和布线，既节省了资金又节约了空间，智能视频共享如图 4-6 所示。

图 4-6　智能视频共享

6．可视对讲系统

可视对讲产品已经比较成熟，成熟案例随处可见，其中既有大型联网对讲系统，也有单独的对讲系统，比如别墅用的，其中有又分一拖一、二、三等。一般实现的功能是可以呼叫、可视、对讲等功能，但是通过“品奇居”的整合已经将很多不同平台的产品实现了统一，增强了整套系统控制部分的优势，让室内主机也可以控制家里的灯光和电器了，可视对讲系统如图 4-7 所示。

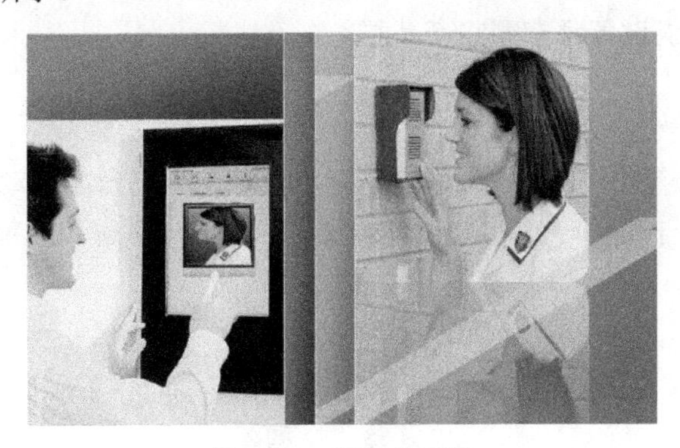

图 4-7 可视对讲系统

7．家庭影院系统

对于高档别墅或者公寓的户型，客厅或者影视厅一般为 $20m^2$ 左右，是目前最主要的建筑面积之一，客厅或者视听室自然是家里最气派的地方，除了要宽敞舒服，也得热闹娱乐才行。要满足这样的要求，“家庭云平台”是家庭影院必不可少的“镇宅之宝”。家庭影院系统如图 4-8 所示。

图 4-8 家庭影院系统

任务 2 可穿戴智能设备

任务描述

目前智能设备的种类越来越多，不仅有手机、平板，还出现了很多穿戴式的设备。李阿姨的儿子前段时间刚买了一个小米手环，不仅可以查看运动量还能检测睡眠质量。

任务实施

“穿戴式智能设备”是应用穿戴式技术对日常穿戴进行智能化设计，开发出可以穿戴的设备的总称，例如眼镜、手套、手表、服饰及鞋等。

那么可穿戴式智能设备都有哪些产品呢？

1. 智能手环

智能手环是新兴起的一个科技领域，它可以跟踪用户的日常活动、睡眠情况和饮食习惯等，并可以将数据与 iOS、Android 设备同步，帮助用户了解和改善自己的健康状况，智能手环如图 4-9 所示。

图 4-9　智能手环

智能手环的功能主要有以下几种。

功能一：振动唤醒。

智能手环内置了振动组件，它拥有一项非常具有特色的功能，就是通过振动唤醒睡眠中的你。用户可以在设置中选择手环闹钟来激活振动唤醒功能，设定好时间然后保存即可，或者有重要事件也可以设置提醒。这种唤醒或者提醒方式相比于闹铃来说可谓健康许多，因为研究表明被闹钟叫醒会使人产生心慌、心情低落等情绪，甚至影响人的记忆力、认知力和计算速度等。振动唤醒如图 4-10 所示。

图 4-10　振动唤醒

功能二：睡眠监控。

用户在睡前与醒来后分别按一下金属帽，这样昨晚的睡眠数据包括睡眠的时间和质量就可以通过智能手环同步到手机或者平板电脑上。智能手环为我们清晰记录了入睡时间、深度睡眠时间、浅度睡眠时间和清醒时间四项信息，除了记录当天的睡眠数据之外还有本周的睡眠情况，并将每日数据生成鲜明的彩色图。最后你还可以把查看本周的睡眠情况和这些数据分享到微博、微信等主流社交平台上，与你的好友一起交流你的睡眠情况，针对手环的分析结果对自己的睡眠进行适当地调整。睡眠监控如图 4-11 所示。

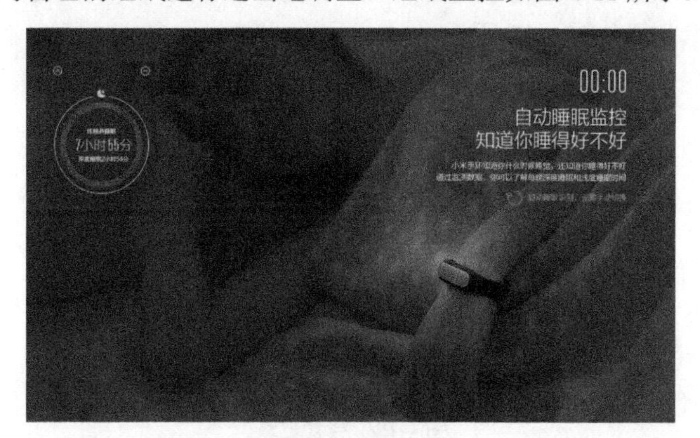

图 4-11 睡眠监控

功能三：运动监测。

智能手环最重要的功能非运动监测莫属，它可以把用户每天行走的步数详细而准确地记录下来。用户可以通过手机查看智能手环同步的数据，主要有当天运动的时间、空闲时间、运动路程、走路步数和能量消耗等情况。平时运动少的使用者，可以根据制定目标来完成，例如设定 24 小时内完成步行 5 万步等。在办公室工作的用户长期坐着不动，智能手环也能侦测到并会提醒你做一些简单的舒展运动，活动一下筋骨，预防肌肉劳损。智能手环还能根据年龄、性别、身高、体重以及活动的强度和时间来计算消耗的热量。运动监测如图 4-12 所示。

图 4-12 运动监测

功能四：膳食记录。

合理控制膳食同样也是健康生活的重要组成部分，智能手环虽然不具备食物辨识能力，但其强大的软件可以为用户提供一个非常完善的食物库。用户可以在食用时添加食物图片或者拍照记录所吃的食物并选择进食的分量，随后软件将会为我们展示所摄入食物包含的能量是多少，并最终通过时间和餐饮类型为我们统计一天的能量摄取量。这样的膳食记录方式虽然并不能完全准确地计算出我们真实的能量摄取情况，但可以为我们的饮食生活提供一个基础的参考依据。而且智能手环不仅仅关注热量，它还通过将记录的食品与营养学家建议的日常营养摄取百分比进行对比，让用户更加了解摄入食物的健康指数，选择健康平衡的食谱。膳食记录如图 4-13 所示。

图 4-13　膳食记录

功能五：心率监测。

智能手环还有一项特别有趣的功能就是测量心率。用户只需将智能手环佩戴在手腕上即可轻松地知晓自己在任一时刻的心率，然后可以利用其在睡眠或者运动时的心率得出科学的睡眠方式和运动强度。虽然某些用户反映手环心率测量方式的准确性并不高，但随着科技的发展相信有关的技术手段会越来越成熟。另外，用户可以把心率的测量结果通过手机分享给朋友，也是一件非常有意思的事。心率监测如图 4-14 所示。

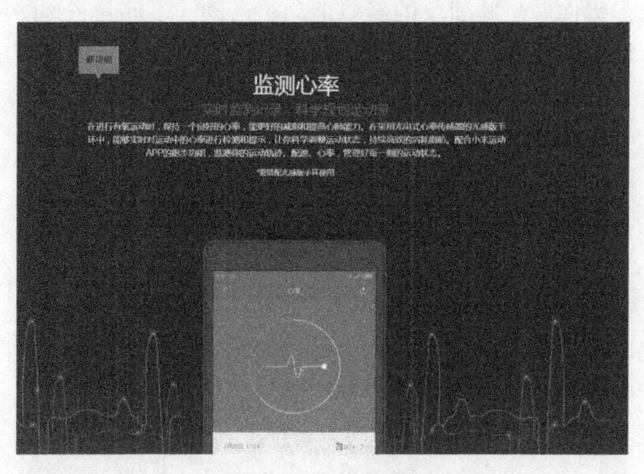

图 4-14　心率监测

目前主流的智能手环品牌有 Jawbone、Fitbit、Garmin、华为、咕咚及小米。

2. iWatch 苹果智能手表

这款设备采用曲面玻璃设计，可以平展或弯曲，内部拥有通信模块，用户可通过它完成多种工作，包括调整播放清单、查看通话记录和回复短信等。当然，它内部采用的自然是本家的 iOS 系统。iWatch 苹果智能手表如图 4-15 所示。

图 4-15　iWatch 苹果智能手表

3．谷歌眼镜

谷歌眼镜本质上属于微型投影仪+摄像头+传感器+存储传输+操控设备的结合体。它可以将眼镜、智能手机、摄像机集于一身，通过电脑化的镜片将信息以智能手机的格式实时展现在用户眼前。另外它还是生活助手，可以为我们提供 GPS 导航、收发短信、摄影拍照、网页浏览等功能。谷歌眼镜如图 4-16 所示。

图 4-16　谷歌眼镜

4．VR 眼镜

VR 眼镜即 VR 头显，虚拟现实头戴式显示设备。VR 头显是利用头戴式显示设备将人对外界的视觉、听觉封闭，引导用户产生一种身在虚拟环境中的感觉。其显示原理是左右眼屏幕分别显示左右眼的图像，人眼获取这种带有差异的信息后在脑海中产生立体感。VR 眼镜如图 4-17 所示。

图 4-17　VR 眼镜

穿戴式智能设备时代的来临意味着人的智能化延伸，通过这些设备，人可以更好地感知外部与自身的信息，能够在计算机、网络甚至其他人的辅助下更为高效率地处理信息，能够实现更为无缝的交流。应用领域可以分为两大类，即自我量化与体外进化。

任务 3 智慧养老

任务描述

随着老年人增多，中国已经逐渐进入老龄化社会。截至 2014 年，60 岁以上老年人口达到 2.1 亿，占总人口的比例为 15.5%。据有关部门预测，到 2035 年老年人口将达到 4 亿人，失能、半失能的老人数量会进一步增多，养老将是社会的一大问题。不论是意外摔倒，还是煤气忘了关，这样的事情不仅独居老人能碰上，即使和子女生活在一起的老人，也不可能 24 小时被照料。如何才能解决问题？

任务实施

智慧养老是面向居家老人、社区及养老机构的传感网系统与信息平台，并在此基础上提供实时、快捷、高效、低成本的、物联化、互联化、智能化的养老服务。随着科技进步，新型养老方式日趋流行，社会上也涌现出一系列例如只为父母设计的电视盒子等高科技产品。提升老人的晚年生活质量，最大限度地解决空巢老人寂寞的问题，是智慧养老、候鸟式养老、信息化养老、中国式养老的新形式。智慧养老如图 4-18 所示。

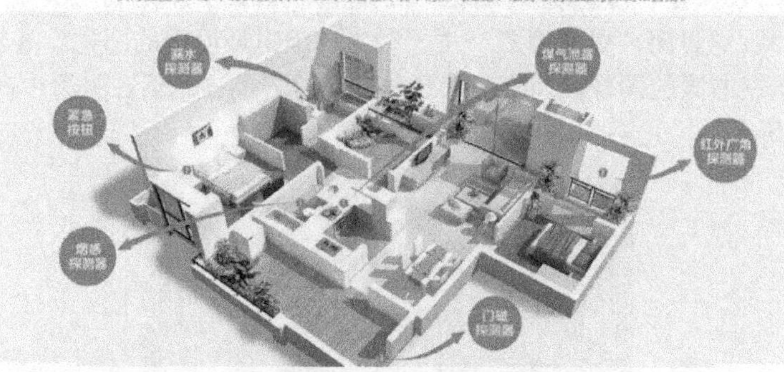

图 4-18　智慧养老

1. 远程监控老人生活

老人在家中摔倒，地面的安全传感器就会立即通知此前协议约定的医护人员和老人亲属。如果正在煮的东西长时间无人问津，那么，装在厨房里的传感器会发出警报，提醒健忘的老人；或者万一老人已经外出，也没有关系，如果报警一段时间还是无人响应，这时煤气便会自动关闭。

除了这些突发情况，物联网“智慧养老”的关怀还体现在细节之处，比如老人住所内的水龙头一旦24小时都没有开启过，那么报警系统就会通过电话或短信提醒，看看老人是否外出，还是出现了其他意外。

2．监测健康，做隐形“伴侣”

“智慧养老”不仅将时刻保护老人的安全，还能全方位监测老人的健康状况。比如，借助手腕式血压计、手表式GPS定位仪等，不仅能随时随地监测老人的身体状况，做一个随身携带的“药匣子”，同时，还能知晓他们的活动轨迹，发挥“隐形伴侣”的作用。

如果老人想休闲，系统会告知老人当天的电视节目、社区开展的活动等内容。如果家中房门上安装了娱乐传感器，老人进门时，便会自动播放主人喜爱的音乐，并适时调节室内暖气和灯光。

从某种程度上说，智慧养老是养老领域的一场革命，也将成为经济增长的新动力。用技术的方法替代人力，延伸和改变人的生活角度，成为我们在这个领域当中的一场革新。

项目总结

本项目主要讲解了未来移动互联网的发展，其中包括以下几方面。

1．智能家居系统

智能家居是在互联网影响下物联化的体现。智能家居通过物联网技术将家中的各种设备（例如音视频设备、照明系统、窗帘控制、空调控制、安防系统、数字影院系统、影音服务器、影柜系统、网络家电等）连接到一起，提供家电控制、照明控制、电话远程控制、室内外遥控、防盗报警、环境监测、暖通控制、红外转发以及可编程定时控制等多种功能和手段。与普通家居相比，智能家居不仅具有传统的居住功能，还兼备建筑、网络通信、信息家电、设备自动化、提供全方位的信息交互功能，甚至为各种能源费用节约资金。

2．可穿戴式智能设备

广义可穿戴式智能设备包括功能全、尺寸大、可不依赖智能手机实现完整或者部分功能的设备，例如智能手表或智能眼镜等，以及只专注于某一类应用功能，需要和其他设备如智能手机配合使用的设备，例如各类进行体征监测的智能手环、智能首饰等。随着技术的进步以及用户需求的变迁，可穿戴式智能设备的形态与应用热点也在不断地变化。

3．智慧养老系统

物联网“智慧养老”项目就是利用物联网技术，通过各类传感器告知家人，使老人的日常生活处于远程监控状态。

项目 2

移动互联网带来的改变

移动互联网不断地改变着我们的生活，它将横扫依赖信息不对称盈利的所有商业，以后所有中间商的日子都会不好过，批发市场可能消失，4S 店可能关门，而这一切只是风暴的开始。信息会变得越来越有价值，所有信息都可能变成收益，而这也会让我们的生活更加美好。

任务 1 生活习惯的改变

任务描述

李阿姨自从学会用智能手机，生活方式都变了，去超市买东西不用现金了，看电视不用守着电视机了，出门旅游也不用担心迷路了，等等，这都是移动互联网带来的变化。

任务实施

如今人们早上一睁眼，第一件事情就是看手机，晚上闭眼前的最后一件事情，也是看手机。智能手机已经成为我们身体的一部分，贯穿至生活的点点滴滴。例如，出行用地图，转账用支付宝，缴费用手机银行，还有正火热兴起的智能穿戴设备……

下面我们就来看看移动互联网具体改变了哪些。

1. 叫餐

对于上班族来说，叫餐是必不可少的，以前叫餐都是通过电话，餐馆需要每天都在公司门口儿发传单、接电话、送餐。而通过手机订餐，整合了线下餐饮品牌和线上网络资源，用户可以方便地通过手机、电脑搜索周边餐厅，在线订餐、享受美食，手机订餐如图 4-19 所示。

2．通信

微信颠覆了运营商，因为微信改变了用户和运营商之间的连接关系，它解决了我们每个人的连接问题。以前的通信费用高，不稳定，单调多变（手机号码总是在换，就无法再联系上），微信支持跨通信运营商、跨操作系统平台通过网络快速发送免费（需消耗少量网络流量）语音短信、视频、图片和文字，同时，也可以使用通过共享流媒体内容的资料和基于位置的社交插件“摇一摇”“漂流瓶”“朋友圈”“公众平台”“语音记事本”等。让通信生活变得方便、多样化，微信示意如图4-20所示。

图4-19　手机订餐

图4-20　微信

3．医院

去医院是一件让人苦恼的事儿，挂号难、付费难、费用高等各种问题让人焦头烂额，而现在通过移动互联网，不同于简单地利用手机发短信预约、手机上网预约或者使用手机拨打电话预约，它是一种利用客户端注册登录付费的实时挂号系统，让我们的日常生活变得舒畅。手机挂号如图4-21所示。

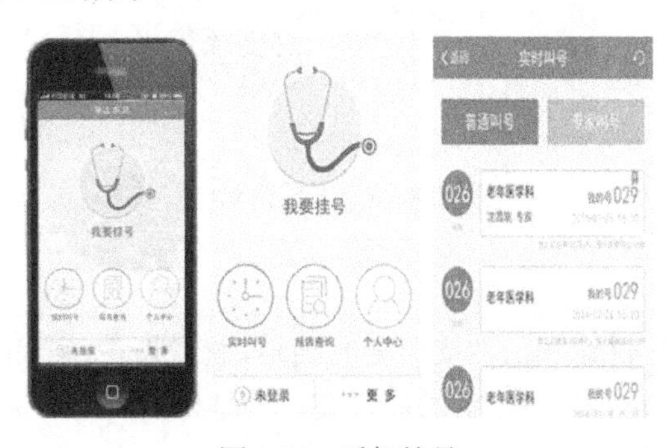

图4-21　手机挂号

4. 搜索

一个非常传统的互联网工具和产品，今天在手机上面已经有不同的展现。以前百度都需要用手去打字，而现在通过手机的语音功能，语音搜索结合手机和地理位置以及语言相关的搜索，在未来搜索市场里有巨大的成长空间，让我们随时随地都能解决生活中不知道的问题。语音搜索如图 4-22 所示。

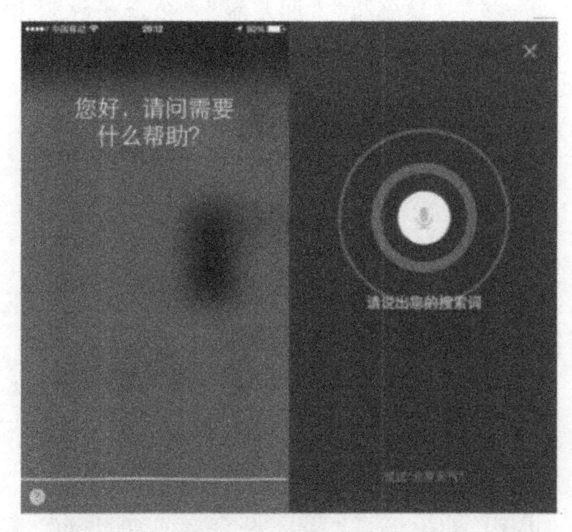

图 4-22　语音搜索

5. 游戏娱乐

手机游戏是网游和网页游戏的综合，这是真正全面大众的游戏方式，真正的全民游戏的时代到来了。手机游戏可以把很多碎片时间利用起来，手机游戏如图 4-23 所示。

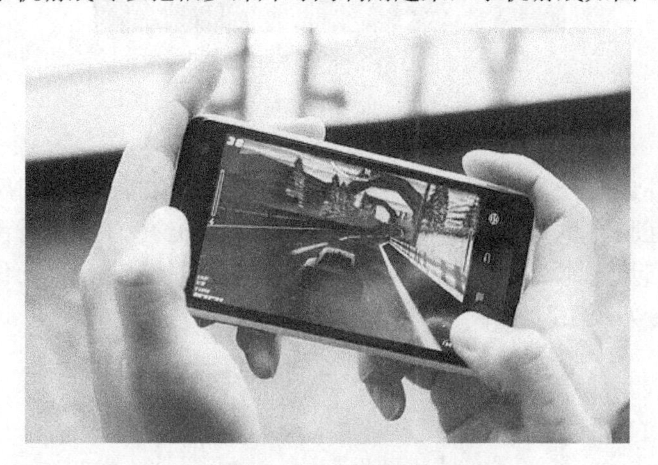

图 4-23　手机游戏

6. 支付

微信支付和支付宝支付让我们的支付随时随地，就像现在流行的一种说法：“手机支付，你真是最潮。”手机支付以绑定银行卡的快捷支付为基础，向用户提供安全、快捷、高效的支付服务，手机支付如图 4-24 所示。

图 4-24　手机支付

7．购物

正是因为有了方便的支付，购物也变得简单起来。随着智能手机的普及和应用，手机购物已经由单一的 WAP 转换为单个的客户端模式，使手机购物实现便捷、有效的移动营销。手机网购和电脑网购一起，无疑可以更广阔地覆盖用户潜在的购物时间，让人们可以随时随地更便捷地利用电子商务，不浪费人们可能随时随地产生的消费冲动。手机购物如图 4-25 所示。

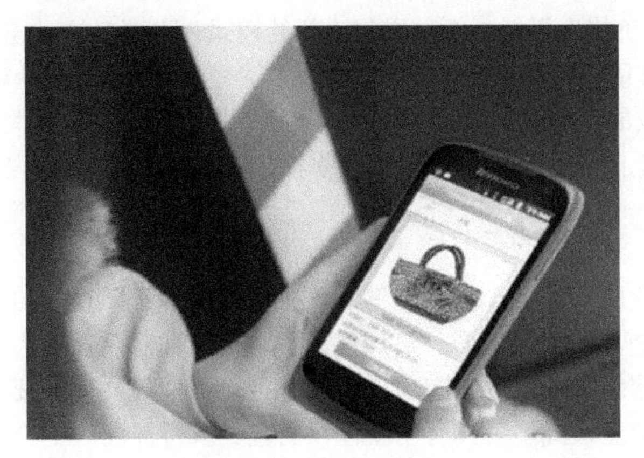

图 4-25　手机购物

也许平时忙碌的节奏中，你不曾真正感受，可当你突然慢下脚步，蓦然回首时，会发现移动互联网这个颠覆者，以迅雷不及掩耳之势，彻底改变了我们的生活。

任务 2　商业模式的改变

任务描述

移动互联网的飞速发展，不仅改变了我们的生活习惯，同样也改变着传统商业模式。

任务实施

移动互联网市场迅猛发展，企业要想成功立足，关键在于商业模式的创新。成功的商业模式不一定是技术上的创新，而可能是对企业经营某个环节的改造，或者对原有经营模式的变革和创新，甚至是对整个游戏规则的颠覆。纵观成功的移动互联网公司商业模式创新实践，成功的商业模式应该具有四个特征。

1．难以模仿

移动互联网企业要始终在激烈的市场竞争中站稳脚跟，就必须建立独特的商业模式。独特的商业模式主要体现在竞争对手难以模仿。商业模式无论有多完美，若竞争对手都能轻易模仿，则最终可能导致恶性竞争。成功的商业模式不是照搬现有成功企业的商业模式，而要始终坚持创新的观念。商业模式创新要从客户需求出发，要能为客户提供独特的价值。要从增强企业核心竞争力出发，整合外部资源，提高平台竞争力。商业模式创新应该与企业核心竞争力有机地结合起来，从而创建竞争对手难以模仿的商业模式。独特的商业模式还可以从品牌、渠道等方面着手，以品牌经营和构建差异化的渠道模式来切入市场。

2．提供独特的价值

有时，“独特的价值”可能是新的思想或新的模式。而更多的时候，它往往能为客户提供良好的体验、更方便的服务、更低廉的价格，超越客户的期望，能让客户心情愉悦。例如，芬兰 Rovio 公司开发的小游戏《愤怒的小鸟》之所以取得巨大成功，关键在于好玩儿，游戏操作简单，关卡设置合理，产品不断升级，为客户带来愉悦的享受，从而受到欢迎。

3．脚踏实地

成功的商业模式既不能凭经验就能得来，也不能简单地照搬照抄。企业要务实，就是脚踏实地、实事求是，不能玩概念、搞炒作，这客观上需要企业对客户消费行为、客户关注的利益和价值、市场竞争状况等有着正确的把握。商业模式创新要与企业资源能力相匹配，这样提炼出的商业模式不仅具有创新性，而且具有可行性。

4．简洁

现在，很多人都认为成功的商业模式设计太难了，因此往往在设计阶段考虑得很复杂。国内外成功的企业，其商业模式十分简单，往往一句话就能概括。比如，奇虎 360 的商业模式就是“对安全产品实行永久免费，以及通过打造开放平台实行增值业务收费”；阿里巴巴的商业模式就是“打造电子商务生态系统”；如家酒店的成功在于“低价格+良好的服务”；西南航空的成功在于拥有低成本的市场空间和占有对价格敏感的细分市场，等等。移动互联网企业在设计新产品商业模式时，要寻找突破口，善于总结和提炼，要能一句话概括。

商业模式的竞争是企业更高层次的竞争，从总体上来看，商业模式创新不能墨守成规，不能采取跟随战略，要寻找独特的发展模式，要从潜在客户的需求入手，要有超前的眼光和敏锐的判断力，看到别人看不到的东西，提出别人没有提出的问题，从而探寻到适合企业发展且有别于竞争对手的独特商业模式。

任务3 思维方式的改变

任务描述

移动互联网不仅改变着我们的生活方式，同样在改变着我们的思维方式。

任务实施

在网络时代，人们的思维方式发生深刻的改变：思维主体、思维客体、思维中介、思维过程和结果以及社会实践活动的内在运行机理都在变化。通过网络，人们认识到把握人生、符合人类生产活动的全新方式；通过网络，人类交往方式也发生了本质性变化。网络是高端科学技术发展的产品，它以自己的展现方式和提供丰富的信息资源，将人们带进了一种全新的认识和把握世界的方式。

1. 网络促使思维方式变迁

网络时代与之前的时代是不同的，在以前我们一般接触到的都是物质实体，人类的思维方式一般都与之相应。但是在网络时代，它具有数字化、信息化、虚拟化的性质，网络使人类的思维方式产生了与传统不同的特性，这是由网络的性质决定的。

（1）认知方式的虚拟性

网络的信息被人类接收只有视、听两种形式，因为没有具体的实物，所以都是虚拟的信息。以前人类接收信息的方式多种多样，包括视、听、嗅、皮肤接触，等等，接触的都是实实在在的物体。接触网络的人会根据网络所传递的信息来判断物体等，会在大脑中形成虚拟的景象，这种虚拟不同于实体。虚拟的景象在每个人的大脑中会以不同的方式显现，如果是具体实物，就不存在此现象。

（2）感知方式的局限性

虚拟的景象在大脑中显现，大脑无法以感知的方式接收信息，人类的触觉、嗅觉接收信息的方式无用武之地。由于大脑接收信息的渠道少、信息量有限，接收到的信息在大脑活动中所产生的思维和传统思维存在不同。通过网络中传输的信息进行思维会非常片面，因为感知的内容是虚拟的。和实体内容不同，感知到的信息也存在局限性，这是由网络的特性所决定的。

（3）思维方式的局限性

以网络信息为基础的认知产生的思维会局限于一种线性的思维方式。当以网络手段接收到视听信息时，人类会习惯以网络化思维方式去思考，网络化思维方式会以大量网络信息不停地进入大脑加工、活动去认识事物。网络化思维方式会局限于视听所采集到的信息，由于网络手段传输信息量大，在大脑中以视听采集的大量信息会让思维方式高速发展。

2. 网络促使思维的多元化

（1）思维方式价值取向多元化

在网络时代，全球化进程加快，网络对传统价值观造成了冲击和影响，使多种价值观念相互碰撞，人类的价值取向呈现多元化、多方向发展。全球化进程中带来各个国家各个民族的不同价值观念在网络中碰撞，出现了多元的价值观念并存于网络之中，人们自身的价值选择、价值衡量标准会产生窘迫、疑惑，导致人们的价值取向复杂多变的多元化存在。综合起来有经济观念、思想观念、文化传统等方面的因素，多元化的问题归根结底还是全球化进程所产生的，是一种多个国家对多个国家、多个地区对多个地区的碰撞所产生的对思维的影响和变化，最后使价值取向呈现出的错综复杂的结构产生多元化。

（2）思维方式问题视角多元化

网络发展促进全球化加速发展，人们的大脑接收各类信息大量地堆积，信息量的增大使人们处理这些信息量的速度也加快了，由于各类信息对思维处理的不断加速的作用，影响着以前的思维方式，思维方式又受各个方面信息的影响，会从传统惯性的单一的思维方式逐渐开始转向多维度、多视角的思维方式，使思维方式对待接受信息的处理会更加复杂，对信息的处理会更加透彻，结果会更加清晰、有深度。多元化的视角有利于人们对事物的认识和处理，是人们思维方式发展的表现形式。

（3）思维方式层次结构多元化

根据中国互联网信息中心提供的第 29 次报告对我国网民规模、结构特征的调查研究，我国近几年使用网络的年龄层次趋向于年轻化，越来越多的年轻人接触网络，而且其增长速度非常快。不言而喻，使用网络的时间越长，对思维的影响也就越强，在网络化思维方式的进程中，对年轻人的影响程度是最深的。按照年龄结构层次接触网络的不同，网络对各年龄结构层次影响也不同，网络化思维方式也出现了各个年龄结构层次的不同。网络对年龄大的影响较小，对年轻人的影响非常大。网络对人类的影响会随着时间的推移，以后的影响会更加深入，思维方式也会平面化。

3. 思维的异化

网络对思维方式的影响日积月累，影响越来越深，传统思维方式受到网络的冲击。网络时代的思维方式从萌芽状态逐渐成熟，慢慢成熟的网络时代的思维方式在发展过程中按照哲学的方式取其精华、去其糟粕。但是，任何事物都不是绝对的，在去其糟粕的过程中会存在模棱两可的因子，产生去之可惜、留之用处不大的因子，当这种因子逐渐被去除的时候，思维会产生异化。当然，对这些因子的处理方式，值得我们进行哲学研究，在这里不再讨论。

（1）网络化的思维可能致使思维方式对网络的依赖

网络化思维方式对网络技术的依赖是指人们在长期使用网络进行思维的过程中，使人们的思维更适应网络的状态。如果离开网络，思维可能就不能恢复到以前的思维方式或者效率低下。思维方式对网络的依赖是一个慢慢适应的过程，一旦适应了这种依赖，就无法离开，否则可能影响生活。由于网络能满足人们的需求，所以网络是不会消失的，而且随着网络的持续性发展，使用的人数不断增多，这种依赖性会更加强烈。目前只是年轻化，随着时间推移，使用网络的人数逐年上升，这种依赖是深远的。

（2）网络化的思维以虚拟性存在致使思维空洞

网络是虚拟的世界，在那里人们能在任何时候接收任何地方的信息，我们接收信息不会受到时间和距离的限制。但是，网络使我们的内在及外在发展出现不平衡性，这是网络无法跨越的障碍，我们也无法脱离现实世界而存在，因此会造成身心内外的不一致，使精神受到外界的压迫，从而表现出网络导致的思维的空洞。思维的空洞表现在看似非中心化的网络中，在各种各样的信息堆积的作用下，主人们丧失了以自身或群体方式把握自身的能力，创造性和群体性能力遭到了削弱。最终将导致人们自身思维的空洞，束缚着人们无限扩张的思维。

（3）网络化的思维存在孤立性致使思维狭隘

网络的发展在现实空间里进一步孤立了个人，人们以前的交往方式和接触方式受到了限制并发生了改变，使人们思维的出发点变得狭隘。在以前的信息传播渠道里，提供了关于事物的各类信息、属性和形式。人们面对的是各种信息、文化和思想的加工、处理以及对思维的潜移默化。在网络中，人们接触的方式改变了，形成了对现实的一种规避，网络在拉近人们交往距离的同时，也疏离了人与人之间的关系。在这种空间中人们自我封闭、虚拟地存在于网络空间中，这会使人孤独，丧失群体能力，成为发展不健全的人。网络接触时间越长，思维的空间和范围会越来越狭隘，从而造成思维能力的狭隘。

项 目 总 结

移动互联网已经成为我们生活中不可或缺的一部分，平时不论查资料、娱乐、微信、微博等都是通过移动互联网才得以实现的，总之有了它我们的生活变得更加丰富多彩，也变得更加方便。但不得不承认，在一定的程度上也使我们变得懒惰，因为现在很多事情几乎都可以借助于移动互联网完成。传统互联网的成熟为移动互联网的发展提供了很多基础条件。而智能手机、平板电脑等移动终端的普及，也使移动互联网成为我们最贴身的媒体，也导致“人机合一”的关系将更加牢固。我们大家不仅置身在传统互联网中，而且已经被移动互联网“包围”。随着智能手机和平板电脑的普及，移动互联网已经融入我们的生活，潜移默化地改变着我们的生活方式。对个人来说，手机是我们的娱乐工具，随着移动应用程序的普及，手机已经从过去一个基本通信和信息传递的工具，成为了我们随身携带的娱乐工具，移动搜索也已经成为生活中最重要的一种消费，比如智能手机上装有电子地图、计算器等，为我们的生活带来了很大的便利，至于其他服务的搜索更是不胜枚举。同时，对新闻信息以及娱乐信息的即时搜索，甚至是微博消息的实时搜索，都通过移动搜索来完成。移动互联网服务使我们可以“实时实地”获取各种信息，相信这也正是它的魅力所在。总之，移动互联网丰富多彩的应用给我们的生活带来了新的改变，而这种改变是一种潮流。

目前中国几乎人人都有手机，30%的人具有两部或者两部以上的手机，拥有智能手机的人也是越来越多，手机已经给人们的生活带来翻天覆地的变化，能上网的手机带给我们的生活有哪几个极大的变化呢？

1. 手机成为娱乐终端

随着移动应用程序的普及，手机已经不再只是一个基本通信和信息传递的终端，而是成为了一个人们随身携带的娱乐终端。这个变化，催生了巨大的手机游戏娱乐产业，比如，著名的“愤怒的小鸟”就是在手机游戏里最受欢迎的游戏之一，与Google地图一样，也几乎成了很多智能手机用户的标准配置。

2. 手机真正解决商业需求

使用智能手机与平板电脑的用户群正以惊人的速度增长，同时，用户的消费方式、消费习惯和消费行为都在随之改变。2011年，消费群体走入移动生活。Priceline是美国的一家电子商务网站，用户可以在线采购和定制很多商品。在经营过程中，这家网站有一个非常奇怪的发现，PC用户和智能手机用户在采购他们服务的时候是有时间区别的，移动终端上的消费者普遍没有耐心，总是希望立刻就可以找到他们想要的东西。有一个很典型的例子，82%利用移动终端订房间的用户，是在24小时以内决定并完成的，几乎是到了目的地就用手机来订酒店，比在电脑上订酒店的用户花的时间要短得多。移动终端用户的这种冲动性购买、即时性购买行为，其实是对传统互联网相对慢条斯理的商务模式的一种颠覆。针对这种新的变化，企业需要更关注移动设备上的网站建设、应用程序开发，调整广告资源的投放策略，占领移动营销的先机。

3. 移动搜索继续大行其道

移动搜索也已经成为我们生活中最重要的一种消费，最直接的表象就是几乎每个智能手机上都装有电子地图，已经成为人们衣食住行的标准配置。至于其他基于位置服务的搜索更是不胜枚举。同时，对新闻信息以及娱乐信息的即时搜索，甚至是基于微博平台的实时搜索，都可以通过移动搜索来完成。比如，在看一场足球赛时，只要你带了手机，你就可以根据需要，随时随地搜索比赛以及球员的相关信息，满足信息的即时性需求。同时移动搜索正在彻底改变我们的购物模式。益普索的调查显示，有一半的中国城市智能手机用户会经常注意到移动广告，而且超过一半的用户曾经使用智能手机进行购物，并愿意进行更多的尝试。因此，无论人们是要寻找商家信息、比对产品价格，还是使用手机直接访问网站或使用应用程序，搜索服务与搜索广告将成为改变购物模式的关键。

4. 本地化趋势将越演越烈

移动互联网服务使我们可以“实时实地”获取各种信息，这也正是移动互联网的魅力所在。移动互联网在提供各种基础性的服务时，必须首先满足这种本地化服务需求。比如，一个司机需要加油了，那么最近的加油站在哪里呢？利用移动互联网就可以很好地满足这个需求。移动互联网还给我们的商业模式带来了巨大的变化和挑战。“移动化”趋势已经势不可挡，如果今天你还在思考是否要建设一个移动设备可访问的网站，以及是否要投放移动广告，那你已经落伍了。在移动互联网平台，相关的应用程序开发和移动互联网广告已经成为企业营销的标准配置。

课后习题 4

一、简答题

1．智能家居的定义是什么？
2．与普通家居相比，智能家居有哪些特性？
4．智慧养老的定义是什么？
5．智慧养老的应用有哪些？
6．移动互联网给我们带来哪些变化？

反侵权盗版声明